电子工艺实习教程

主　编　丁珠玉
副主编　张济龙　贺付亮　顾雯雯
参　编　李东玲　常　飞　樊　利
　　　　马　驰　唐　超

科学出版社
北　京

内 容 简 介

"电子工艺实习"是电类专业学生的一门实践类课程,要求学生掌握基本电子工艺、装配、调试基本技术,对电子产品生产装配过程及典型工艺有全面的了解。

本书共 8 章,包括电子工艺基础、常用电子元器件的识别与检测、常用测试仪器仪表的使用、焊接工艺技术、电路板设计与制作工艺、电子产品组装与调试工艺、电子产品综合设计与制作、NI ELVIS 电子电路设计与测试平台。本书体系完整,内容充实,实例丰富,实用性强,循序渐进,二维码扫一扫,随时随地看视频,边学边做更快捷。

本书可作为高等院校电子信息类、电气类、自动化类专业的教材,也可作为电子科技创新实践、课程设计、电子设计竞赛等活动的实用指导书,还可供电子工程技术人员参考。

图书在版编目(CIP)数据

电子工艺实习教程 / 丁珠玉主编. —北京:科学出版社,2020.7
ISBN 978-7-03-065602-5

Ⅰ.①电⋯ Ⅱ.①丁⋯ Ⅲ.①电子技术-实习-教材 Ⅳ.①TN-45

中国版本图书馆 CIP 数据核字(2020)第 113640 号

责任编辑:余 江 陈 琪 / 责任校对:王 瑞
责任印制:张 伟 / 封面设计:迷底书装

科 学 出 版 社 出版
北京东黄城根北街 16 号
邮政编码:100717
http://www.sciencep.com

北京九州迅驰传媒文化有限公司 印刷
科学出版社发行 各地新华书店经销
*
2020 年 7 月第 一 版 开本:787×1092 1/16
2021 年 7 月第二次印刷 印张:13 3/4
字数:326 000

定价:49.00 元
(如有印装质量问题,我社负责调换)

前　言

"电子工艺实习"课程立足电子工艺基础知识、电子设计与装配基本技能，培养电类专业本科生的基本电子工程实践能力。这要求专业课教师在新工科理念下，面向工业界、面向世界、面向未来，培养兼具工程实践能力、跨学科能力、工程伦理、创新能力和智能化应用能力的电子工程师。本书从这一立足点出发，在传统电子工艺实习教材的基础上，完善了职业素养和工程伦理内容；面向当前工业应用，引入先进仪器仪表使用方法、虚拟仪器测试平台和电子电路 CAD 等前沿技术；以学生为中心，以项目制形式，要求学生在参加电子设计竞赛的真实任务情境下，自主完成"电子工艺实习"课程内容。配合本书内容，编者设计了相关视频等数字教学资源，读者可通过扫描二维码观看。

本书结合编者多年从事"电子工艺实习"课程教学的经验，以及长期指导大学生电子设计竞赛的工程经验，各章内容的主要特色如下。

第 1 章：面向新工科建设和卓越工程师培养，从职业素养和工程伦理角度，介绍如何在电子工艺实习中形成电子工程师的人文素养、科学素养和创新实践。

第 2 章：电子元器件的识别与检测，注重仪器仪表测试与工程经验相结合，注重与后续专业课程无缝衔接。

第 3 章：瞄准工业应用场合，着重介绍现代测试仪器仪表的使用，突出网络化、微型化、智能化，以及虚拟仪器趋势。

第 4 章：焊接工艺技术，紧密结合实际焊接操作规程，突出智能化自动焊接技术的应用和发展。

第 5 章：电路板设计与制作工艺，介绍当前工业界应用最广泛的计算机电子电路 CAD 技术。

第 6 章、第 7 章：面向电类专业本科学生专业实践训练，从简单到复杂介绍若干电子设计项目。第 6 章主要是应用模拟电子技术和数字电子技术，设计与调试简单电子系统；第 7 章依托大学生电子设计竞赛获奖项目，介绍设计复杂电子系统的方法。

第 8 章：介绍如何运用当前工业领域广泛使用的虚拟仪器技术，实现电子工艺实践的途径与方法。学生以计算机为基础，利用高性能的模块化硬件，结合高效灵活的可编程软件完成各种电子电路的测试、测量和自动化应用。

在本书编写过程中引用和参考了许多书籍、相关设备厂家的技术资料以及一些网络资源等，在此向所有参考文献的作者表示衷心的感谢。

本书由西南大学丁珠玉担任主编，第 1 章由马驰编写，第 2 章由常飞、樊利编写，第 3 章由重庆大学李东玲编写，第 4 章由常飞编写，第 5 章由张济龙编写，第 6 章由顾雯雯编写，第 7 章由丁珠玉编写，第 8 章由贺付亮编写。数字资源部分由丁珠玉、常飞、唐超、王永淇、葛晓雪共同制作。全书由重庆大学林晓钢教授担任主审，由丁珠玉、顾雯雯、张济龙、樊利制定编写方案并统稿。

由于编者水平有限，书中难免有不足之处，恳请读者批评指正。

编　者

2020 年 1 月于重庆

目　录

第 1 章　电子工艺基础

1.1　职业素养和工程伦理

职业精神是对所从事职业的价值追求和态度认同，是大学生事业发展的内在驱动力。良好的职业精神在某些情况下比专业知识和专业技能对大学生的职业发展影响更大，良好的职业精神有利于大学生提高核心竞争力，有助于获得发展与成功的机会。目前，学者们对职业精神还没有一个统一的概念描述，比较有代表性的几种观点是王伟、袁继道、葛志亮分别从精神体系、道德观、精神追求等视角对其进行的诠释。结合这三种观点，谢梅成和夏聘庭认为：职业精神是社会主义精神体系的组成部分，是建立在职业道德、职业伦理以及职业良心基础之上的职业操守，是建立在职业价值观、职业信仰和职业理想基础之上的精神追求。

21 世纪是一个飞速发展的全新时代，社会的发展进步需要既具备职业能力更具备职业精神的高素质人才。教育作为国家优先发展方向，必须及时应变，培养兼具良好职业精神的合格人才，才能满足社会对人才的要求，这对高校的人才培养模式提出了新的挑战。首先，应加强校园文化建设，在校园物质文化、精神文化、制度文化和行为文化中融入一些社会行业的企业文化，增加一些职业特色元素，在文化熏陶中培养大学生的职业精神。其次，加强教育教学改革，将职业精神的培养列入人才培养目标，除通过就业指导课程培养职业精神之外，思想政治教育课程也要突出职业精神的培养，专业课程教育也要将专业技能与行业特色、职业精神融为一体。最后，加强专业实训实习，让学生在真实或仿真的企业工作环境和管理制度下进行岗位体验，通过实践将职业精神内化为稳定的个人品质，在实践体验中培养良好的职业精神。

1.2　电子系统概述

电子系统
概述

1.2.1　电子系统基本类型

电子系统是由电路和传输介质组成的并完成特定功能的整体，可分为模拟电子系统、数字电子系统和混合集成电子系统。

模拟电子系统是指通过处理模拟信号来实现预期功能的电子系统。

数字电子系统是指通过处理数字信号来实现预期功能的电子系统。

混合集成电子系统是指将模拟电子系统和数字电子系统结合使用的一种电子系统。

1.2.2　电子产品设计基本流程

电子产品设计通常分为四个阶段，即方案论证阶段、工程设计阶段、设计定型阶段和生产定型阶段。其基本流程如图 1-1 所示。

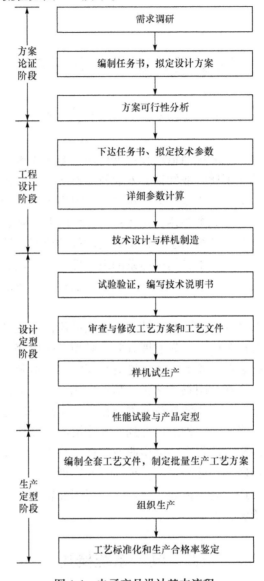

图 1-1　电子产品设计基本流程

(1) 方案论证阶段是发现问题和提出解决思路的过程。通过市场需求调研，评估产品的市场应用前景；编制产品设计任务书，根据产品的工作环境、技术条件等要求，拟定设计方案，并对该方案进行可行性分析。

(2) 工程设计阶段是理论计算和校验的过程。在确定了设计方案的可行性后，下达设计任务书，详细列出各设计参数并进行计算；根据计算结果，对关键技术指标进行修订并进行样机制造。该阶段是整个设计流程的关键环节，计算过程务必精准，否则会导致产品设计错误。

(3) 设计定型阶段是对样机的鉴定过程。该过程首先要对样机进行试验验证，根据验证结果编写技术说明书；在样机制作的过程中，将工艺方面存在的问题一一列举，对工艺方案和其他相关文件进行审查与修改；完成上述工作后，即可进行样机的试生产、性能试验以及产品定型。

(4) 生产定型阶段是在试生产的样机已经符合使用要求的前提下进行的扩大规模生产的过程。首先要对全套工艺文件进行编制，使其符合大规模生产的要求后，即可组织生产。当产品具备一定的市场份额后，企业还可以将工艺进行标准化的制定，并实时监测产品合格率，用以确保产品的稳定生产。

1.2.3 电子工艺实习规范

电子工艺实习是模拟电子产品生产过程，让学生熟悉生产流程，掌握生产技术。进行电子工艺实习应遵守以下规范。

(1) 做好电子工艺实习准备工作，了解实习目的、仪器设备及器材的使用方法，重点掌握实验方法、步骤以及注意事项。

(2) 实验过程中，严格按照操作规程进行实验，防止发生安全事故。

(3) 实验结束后，整理相关器材，对使用后的仪器设备进行擦拭，去除灰尘和污迹。

1.3　安　全　用　电

安全用电
及防护

1.3.1 电流的危害

电对人体的作用机制是一个复杂的问题，其影响因素众多，即使在相同情况下，不同个体产生的生理效应也不尽相同。大量研究表明：电对人体的伤害，主要来自电流。人体触及带电体并形成电流通路，造成人体伤害，称为触电。电流流过人体时，电流的热效应会引起肌体烧伤、炭化或在某些器官上产生损坏其正常功能的高温；肌体内的体液或其他组织会发生分解作用，从而使各种组织的结构和成分遭到严重破坏；肌体的神经组织或其他组织因受到刺激而兴奋，内分泌失调，使人体内部的生物电破坏；产生一定的机械外力引起肌体的机械性损伤。因此，电流流过人体时，人体会产生不同程度的刺麻、酸疼、打击感，并伴随不自主的肌肉收缩、心慌、惊恐等症状，严重时会出现心律不齐、昏迷、心跳及呼吸停止甚至死亡的严重后果。

电流对人体的伤害可以分为两种类型：电伤和电击。

1. 电伤

电伤是指由于电流的热效应、化学效应和机械效应引起人体外表的局部伤害，如电灼伤、电烙印、皮肤金属化等。

1) 电灼伤

电灼伤一般分为接触灼伤和电弧灼伤两种。接触灼伤发生在高压触电事故时，电流流过的人体皮肤进出口处。一般进口处比出口处灼伤严重，接触灼伤的面积较小，但深度大，大多为三度灼伤，灼伤处呈现黄色或褐黑色，并可累及皮下组织、肌腱、肌肉及血管，甚至使骨骼出现炭化状态，一般需要较长的治疗时间。

当发生带负荷误拉、合隔离开关及带地线合隔离开关时，所产生的强烈电弧都可能引起电弧灼伤，其情况与火焰烧伤相似，会使皮肤发红、起泡、组织烧焦、坏死。

2) 电烙印

电烙印发生在人体与带电体之间有良好的接触部位处。在人体不被电击的情况下，在皮肤表面留下与带电接触体形状相似的肿块痕迹。电烙印边缘明显，颜色呈灰黄色，有时在触电后，电烙印并不立即出现，而是相隔一段时间后才出现。电烙印一般不发臭或化脓，但往往会造成局部麻木和失去知觉。

3) 皮肤金属化

皮肤金属化是由于高温电弧使周围金属熔化、蒸发并飞溅渗透到皮肤表面形成的伤害。皮肤金属化以后，表面粗糙、坚硬，金属化后的皮肤经过一段时间后可自行脱离，对身体机能不会造成不良后果。电伤在不是很严重的情况下，一般无致命危险。

2. 电击

电击是指电流流过人体造成人体内部器官的伤害。电击致死的原因有三个方面：

(1) 流过心脏的电流过大、持续时间过长，引起"心室纤维性颤动"而致死；

(2) 因电流作用使人产生窒息而死亡；

(3) 因电流作用使心脏停止跳动而死亡。

研究表明"心室纤维性颤动"致死是最根本、占比例最大的原因。电击是触电事故中后果最严重的一种，绝大多数触电死亡事故都是电击造成的。电击伤害的影响因素主要有以下六个方面。

1) 电流及电流持续时间

当不同大小的电流流经人体时，往往有各种不同的感觉，通过的电流越大，人体的生理反应越明显，感觉也越强烈。按电流通过人体时的生理机能反应和对人体的伤害程度，可将电流分成以下三级。

(1) 感知电流，是指人体能够感觉，但不遭受伤害的电流。感知电流的最小值为感知阈值。感知电流通过时，人体有麻酥、灼热感。人对交流电流和直流电流的感知阈值分别约为 0.5mA 和 2mA。

(2) 摆脱电流是指人体触电后能够自主摆脱的电流。人对交流电流和直流电流的摆脱电流分别为 10mA 和 50mA。摆脱电流的最大值为摆脱阈值。摆脱电流通过时，人体除麻酥、灼热感外，主要是疼痛、心律障碍感。

(3) 致命电流是指人体触电后危及生命的电流。由于导致触电死亡的主要原因是发生"心室纤维性颤动"，故将致命电流的最小值称为致颤阈值。人对交流电流和直流电流的致命电流分别为 30mA 和 50mA。

电流通过人体脑部和心脏时最危险，20～80Hz 交流电对人危害最大，因 20～80Hz 最接近于人的心肌最高震颤频率，故最容易引起心肌被动型震颤麻痹而导致心搏骤停。以工频电流为例，当 1mA 左右的电流通过人体时，会产生麻刺等不舒服的感觉；10～30mA 的电流通过人体时，会产生麻痹、剧痛、痉挛、血压升高、呼吸困难等症状，一般不会有生命危险；电流达到 50mA 以上，就会引起心室颤动而有生命危险；100mA 以上的电流，足以置人于死地。通过人体电流的大小与触电电压和人体电阻有关。

电流对人体的伤害与流过人体电流的持续时间有着密切的关系。电流持续时间越长，其对应的致颤阈值越小，电流对人体的危害越严重。这是因为，一方面，时间越长，体内积累的外能量越多，人体电阻因出汗及电流对人体组织的电解作用而变小，使伤害程度进一步增加；另一方面，人的心脏每收缩、舒张一次，中间约有 0.1s 的间隙，在这 0.1s 的时间内，心脏对电流最敏感，若电流在这一瞬间通过心脏，即使电流很小(几十毫安)，也会引起心室颤动。显然，电流持续时间越长，重合这段危险期的概率越大，危险性也越高。一般认为，工频电流 15～20mA 以下及直流 50mA 以下，对人体是安全的，但如果持续时间很长，即使电流小到 8～10mA，也可能使人致命。

2) 人体电阻

人体触电时，流过人体的电流在接触电压一定时由人体的电阻决定，人体电阻越小，流过的电流则越大，人体所遭受的伤害也越大。

人体的不同部分(如皮肤、血液、肌肉及关节等)对电流呈现出一定的阻抗，即人体电阻。其大小不是固定不变的，它取决于许多因素，如接触电压、电流路径、持续时间、接触面积、温度、压力、皮肤厚薄及完好程度等。总的来讲，人体电阻由体内电阻和表皮电阻组成。

体内电阻是指电流流过人体时，人体内部器官呈现的电阻，其数值主要决定于电流的通路。当电流流过人体内不同部位时，体内电阻呈现的数值不同。电阻最大的通路是从一只手到另一只手，或从一只手到另一只脚或双脚，这两种电阻基本相同；电流流过人体其他部位时，呈现的体内电阻都小于这两种电阻。一般认为，人体的体内电阻为 500Ω 左右。

表皮电阻指电流流过人体时，两个不同触电部位皮肤上的电极和皮下导电细胞之间的电阻之和。表皮电阻随外界条件不同而在较大范围内变化。当电流、电压、电流频率、持续时间、接触压力、接触面积及温度增加时，表皮电阻会下降；当皮肤受伤甚至破裂时，表皮电阻会随之下降，甚至降为零。可见，人体电阻是一个变化范围较大，且决定于许多因素的变量，只有在特定条件下才能测量。不同条件下的人体电阻见表 1-1，一般情况下，人体电阻可按 1000～2000Ω 考虑，在安全程度要求较高的场合，人体电阻可按不受外界因素影响的体内电阻(200Ω)来考虑。

表 1-1 不同条件下的人体电阻

加于人体的电压/V	人体电阻/Ω			
	皮肤干燥	皮肤潮湿	皮肤湿润	皮肤浸入水中
10	7000	3500	1200	600
25	5000	2500	1000	500
50	4000	2000	875	400
100	3000	1500	770	375
250	2000	1000	650	325

注：①表内值的前提：基本通路，接触面积较大；②皮肤潮湿相当于有水或汗痕；③皮肤湿润相当于有水蒸气或特别潮湿的场合；④皮肤浸入水中相当于游泳池内或浴池内，基本上是体内电阻；⑤此表数据为大多数人体电阻的平均值。

3) 作用于人体的电压

作用于人体的电压，对流过人体的电流的大小有直接的影响。当人体电阻一定时，作用于人体电压越高，则流过人体的电流越大，其危险性也越大。实际上，通过人体电流的大小，并不与作用于人体的电压成正比，由表 1-1 可知，随着作用于人体电压的升高，人体电阻下降，导致流过人体的电流迅速增加，对人体的伤害也就更加严重。

4) 电流路径

电流通过人体的路径不同，使人体出现的生理反应及对人体的伤害程度是不同的。电流通过人体头部会使人立即昏迷，严重时使人死亡；电流通过脊髓，使人肢体瘫痪；电流通过呼吸系统，会使人窒息死亡；电流通过中枢神经，会引起中枢神经系统的严重失调而导致死亡；电流通过心脏会引起"心室纤维性颤动"，心脏停搏造成死亡。研究表明：当心脏直接处于电流通路中是最危险的，右手至脚的电流路径则危险性相对较小。电流从左脚至右脚这一电流路径，危险性小，但人体可能因痉挛而摔倒，导致电流通过全身或发生二次事故而产生严重后果。

5) 电流种类及频率

电流种类不同，对人体的伤害程度不一样。当电压在 250～300V 时，触及频率为 50Hz 的交流电，比触及相同电压的直流电的危险性大 3～4 倍。不同频率的交流电流对人体的影响也不相同。通常，50～60Hz 的交流电对人体危险性最大。低于或高于此频率的电流对人体的伤害程度要显著减轻。但高频率的电流通常以电弧的形式出现，因此，有灼伤人体的危险。频率在 20kHz 以上的交流小电流对人体已无危害，所以在医学上用于理疗。

6) 人体状态

电流对人体的作用与人的年龄、性别、身体及精神状态有密切关系。一般情况下，女性比男性对电流敏感，小孩比成人敏感。在同等触电情况下，妇女和小孩更容易受到伤害。此外，患有心脏病、精神病、结核病、内分泌器官疾病或醉酒的人，因触电造成的伤害都将比正常人严重；相反，一个身体健康、经常从事体力劳动和体育锻炼的人，由触电引起的后果会相对轻一些。

1.3.2　触电方式

1. 直接接触触电

人体与带电体的直接接触触电可分为单相触电和两相触电。

1) 单相触电

人体接触三相电网中带电体中的某一相时，电流通过人体流入大地，这种触电方式称为单相触电，其示意图如图 1-2 所示。电网可分为大接地短路电流系统和小接地短路电流系统。由于这两种系统中性点的运行方式不同，发生单相触电时，电流经过人体的路径及大小就不一样，触电危险性也不相同。

(1) 中性点直接接地系统的单相触电。

图 1-2(a)是中性点直接接地系统的单相触电示意图。以 380/220V 的低压配电系统为例，当人体触及某一相导体时，相电压作用于人体，电流经过人体、大地、系统中性点接地装置、中性点形成闭合回路。由于中性点接地装置的电阻 R_0 比人体电阻小得多，因此相电压几乎全部加在人体上。设人体电阻 $R_r = 1000\Omega$，电源相电压为 220V，则通过人体的电流 $I_r \approx 220\text{mA}$，远大于人体的摆脱阈值，足以使人致命。一般情况下，人脚上穿有鞋子，有一定的限流作用。人体与带电体之间以及站立点与地之间也有接触电阻，所以实际电流轻

220mA 要小，人体触电后，有时可以摆脱。但人体触电往往很突然，慌乱中易造成二次伤害事故(例如空中作业触电摔到地面等)。所以电气工作人员工作时应穿合格的绝缘鞋，在配电室的地面上应垫有绝缘橡胶垫，以防触电事故的发生。

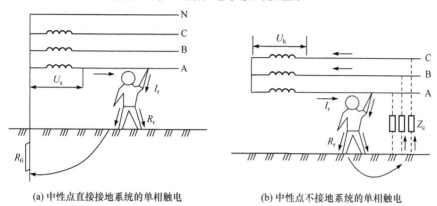

(a) 中性点直接接地系统的单相触电　　　　(b) 中性点不接地系统的单相触电

图 1-2　单相触电示意图

(2) 中性点不接地系统的单相触电。

图 1-2(b)是中性点不接地系统的单相触电示意图。当人站立在地面上，接触到该系统的某一相导体时，由于导线与地之间存在对地电抗 Z_c(由线路的绝缘电阻 R 和对地电容 C 组成)，则电流以人体接触的导体、人体、大地、另两相导线对地电抗 Z_c 构成回路，通过人体的电流与线路的绝缘电阻及对地电容的数值有关。在低压系统中，对地电容 C 很小，通过人体的电流主要决定于线路的绝缘电阻 R。正常情况下，R 相当大，通过人体的电流很小，一般不致造成对人体的伤害。但当线路绝缘性下降，R 减小时，单相触电对人体的危害仍然存在。而在高压系统中，线路对地电容较大，通过人体的电容电流较大，将危及触电者的生命。

2) 两相触电

当人体同时接触带电设备或线路中的两相导体时，电流从一相导体经人体流入另一相导体，构成闭合回路，这种触电方式称为两相触电，其示意图如图 1-3 所示。此时，加在人体上的电压为线电压，它是相电压的 $\sqrt{3}$ 倍。通过人体的电流与系统中性点运行方式无关，其大小只取决于人体电阻和人体与相接触的两相导体的接触电阻之和。因此，它比单相触电的危险性更大，例如，380/220V 低压系统线电压为 380V，设人体电阻 $R_r=1000\Omega$，则通过人体的电流 $I_r \approx 220\text{mA}$，大大超过人的致颤阈值，足以致人死亡。电气工作中两相触电多在带电作业时发生，由于相间距离小，安全措施不周全，使人体或通过作业工具同时触及两相导体，造成两相触电。

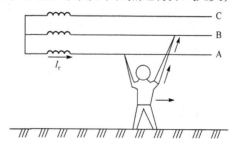

图 1-3　两相触电示意图

2. 间接触电

间接触电是由于电气设备绝缘损坏发生接地故障，设备金属外壳及接地点周围出现对地电压引起的。它包括跨步电压触电和接触电压触电。

1) 跨步电压触电

当电气设备或载流导体发生接地故障时，接地电流将通过接地体流向大地，并在地中接地体周围做半球形的散流，如图 1-4 所示。在以接地故障点为球心的半球形散流场中，越靠近接地点处电流线越密集。因此，在靠近接地点处沿电流散流方向取两点，其电位差比远离接地点处同样距离的两点间的电位差大，当离接地故障点 20m 以外时，这两点间的电位差即趋于零。将两点之间电位差为零的地方称为电位的零点，即电气上的"地"。

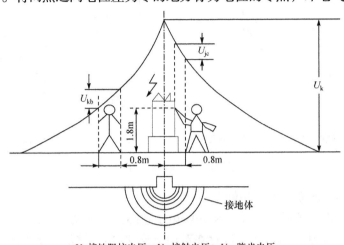

U_k-接地阻抗电压；U_{jc}-接触电压；U_{kb}-跨步电压

图 1-4 接地电流的散流场及场面电位分布示意图

显然，该接地体周围对"地"而言，接地点处的电位最高(为 U_k)，离开接地点处，电位逐渐降低，其电位分布呈伞形下降。此时，人在有电位分布的故障区域内行走时，两脚之间(一般为 0.8m 的距离)呈现出电位差，此电位差称为跨步电压(U_{kb})。由跨步电压引起的触电叫跨步电压触电。

在距离接地故障点 8～10m，电位分布的变化率较大，人在此区域内行走，跨步电压高，就有触电的危险；在离接地故障点 10m 以外，电位分布的变化率较小，人一步之间的电位差较小，跨步电压触电的危险性明显降低。人在受到跨步电压作用时，电流将从一只脚经腿、胯部、另一只脚与大地构成回路，虽然电流没有通过人体的全部重要器官，但当跨步电压较高时，触电者脚发麻、抽筋，跌倒在地。跌倒后，电流可能会改变路径(如从手到手或从手到脚)而流经人体的重要器官，使人致命。因此，发生高压设备、导线接地故障时，室内不得在接近接地故障点 4m 以内(因室内狭窄，地面较为干燥，在 4m 之外一般不会遭到跨步电压的伤害)，室外不得在接近故障点 8m 以内。如果要进入此范围内工作，为防止跨步电压触电，进入人员应穿绝缘鞋。需要指出，跨步电压触电还可能发生在另外一些场合，例如，避雷针放电，其接地体周围的地面也会出现伞形电位分布，同样会发生跨步电压触电。

2) 接触电压触电

在正常情况下，电气设备的金属外壳是不带电的。由于绝缘损坏，设备漏电，可能使设备的金属外壳带电。接触电压是指人触及漏电设备的外壳，加于人手与脚之间的电位差。一般情况，在电气安全技术中是以站立在离漏电设备水平方向 0.8m 的人，手触及漏电设备外壳距地面垂直距离 1.8m 处时，其手与脚两点间的电位差为接触电压(U_{jc})。若设备的外壳不接地，则此接触电压下的触电情况与单相触电情况相同；若设备外壳接地，则接触电压为设备外壳对地电位与人站立点的对地电位之差。当人需要接近漏电设备时，为防止接触电压触电，应戴绝缘手套、穿绝缘鞋。

3. 与带电体的距离小于安全距离的触电

前述几类触电事故，都是人体与带电体直接接触(或间接接触)时发生的。实际上，当人体与带电体(特别是高压带电体)的空气间隙小于一定的距离时，虽然人体没有接触带电体，也有可能发生触电事故。这是因为空气间隙的绝缘强度是有限的，当人体与带电体的距离足够近时，人体与带电体间产生电弧，此时，人体将受到电弧灼伤及电击的双重伤害。

这种与带电体的距离小于安全距离的弧光放电触电事故多发生在高压系统中。此类事故的发生，大多是工作人员误入带电间隔、误接近高压带电设备所造成的。因此，为防止这类事故的发生，国家有关标准规定了不同电压等级的最小安全距离，工作人员距带电体的距离不允许小于此距离值。

1.3.3　防触电措施

防止人体触电，从根本上说，是要加强安全意识，严格执行安全用电的有关规定，防患于未然。同时，对系统、设备或工作环境采取一定的技术措施也是行之有效的办法。防止人体触电的技术措施包括：对电气设备进行安全接地，在容易触电的场合采用安全电压，以及采用低压触电保护装置。另外，电气工作过程采用相应的屏护措施，使人体与带电设备保持必要的安全距离，也是预防人体触电的有效办法。

1. 安全接地

安全接地是防止接触电压触电和跨步电压触电的根本方法。安全接地包括电器设备外壳(或构架)保护接地、保护接零及中性点的重复接地。

1) 保护接地

保护接地是将一切正常时不带电而在绝缘损坏时可能带电的金属部分(如各种电气设备的金属外壳、配电装置的金属构架等)与独立的接地装置相连，从而防止工作人员触及时发生触电事故。它是防止接触电压触电的一种技术措施。

保护接地是利用接地装置足够小的接地电阻值，降低故障设备外壳可导电部分的对地电压，减小人体触及时流过人体的电流，达到防止接触电压触电的目的。

2) 保护接零

在中性点直接接地的低压供电网络，一般采用三相四线制的供电方式。将电气设备的金属外壳与电源(发电机或变压器)接地中性点作金属性连接，这种方式称为保护接零，其示意图如图 1-5 所示。

当电气设备某相绝缘损坏时，电流流经短路线和接地中心线构成回路，由于线路上(或电源处)的电阻远大于接零回路中的电阻，即使在故障未排除前，人体触到故障设备外壳，接地短路电流几乎全部通过接零回路，也使流过人体的电流接近于零，保证了人身安全。

3) 中性点的重复接地

运行经验表明：在保护接零的系统中，只在电源的中性点处接地不够安全。为了防止接地中性线短路而失去保护接零的作用，还应在中性线的一处或多处通过接地装置与大地连接，即中性点重复接地，其示意图如图 1-6 所示。

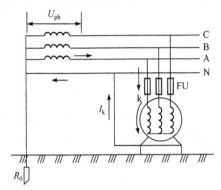

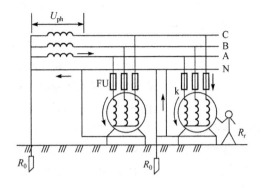

图 1-5　保护接零　　　　　　　　　　　图 1-6　中性点的重复接地

在保护接零的系统中，若中性点不重复接地，当中性线断线时，只有断线处之前的电气设备的保护接零才有作用，人身安全得以保护；在断线处之后，当设备某相绝缘损坏碰壳时，设备外壳带有相电压，仍有触电的危险。即使相线不碰壳，在断线处之后的负荷群中，如果出现三相负荷不平衡(如一相或两相断开)，也会使设备外壳出现危险的对地电压，危及人身安全。如果采用了中性线的重复接地后，若中性线断线，断线处之后的电气设备相当于进行了保护接地，其危险性相对减小。

2. 安全电压和安全用具

1) 安全电压

安全电压是指不带任何防护设备，对人体各部分组织均不造成伤害，也不会使人发生触电危险的电压，或者是人体触及时通过人体的电流不大于致颤阈值的电压。在人们容易触及带电体的场所，动力、照明电源均采用安全电压以防止人体触电。

通过人体的电流取决于加于人体的电压和人体电阻，安全电压就是以人体允许通过的电流与人体电阻的乘积为依据确定的。例如，对工频 50～60Hz 的交流电压，取人体电阻为 1000Ω，致颤阈值为 50mA，故在任何情况下，安全电压的上限不超过 50V。影响人体电阻大小的因素很多，所以根据工作的具体场所和工作环境，各国规定了相应的安全电压等级。我国的安全电压等级是 42V、36V、12V、6V，直流安全电压上限是 72V。在干燥、温暖、无导电粉尘、地面绝缘的环境中，也有使用交流电压为 65V 的。

世界各国对于安全电压的规定有 50V、40V、36V、25V、24V 等，其中以 50V、25V 居多。国际电工委员会(IEC)规定安全电压限定值为 50V。我国规定 12V、24V、36V 三个电压等级为安全电压。在湿度大、狭窄、行动不便、周围有大面积接地导体的场所(如金属容器内、矿井内、隧道内等)使用的手提照明，应采用 12V 安全电压；而对于在危险环境或特别危险环境使用的手提局部照明灯、高度不足 2.5m 的一般照明灯或便携式电动工具等若无特殊的安全防护装置或安全措施，均应采用 24V 或 36V 安全电压。

采用安全电压无疑可有效地防止触电事故的发生，但由于工作电压降低，要传输一定的功率，工作电流就必须增大。这就要求增加低压回路导线的截面积，使投资费用增加。因此，一般安全电压只适用于小容量的设备，如行灯、机床局部照明灯及危险度较高的场所中使用的电动工具等。

需要注意的是：采用降压变压器(即行灯变压器)取得安全电压时，应采用双线圈变压器，而不能采用自耦变压器。此外，安全电压的供电网络必须有一点接地(中性线或某一相线)，以防止电源电压偏移引起触电危险。当然，采用安全电压并不意味着绝对安全。如人体在汗湿、皮肤破裂等情况下长时间触及电源，也有可能发生电击伤害。当电气设备电压超过 24V 安全电压等级时，还要采取防止直接接触带电体的保护措施。

2) 安全用具

常用的安全用具有绝缘手套、绝缘靴及绝缘棒三种。绝缘手套由绝缘性能良好的特种橡胶制成，有高压、低压两种。佩戴绝缘手套操作高压隔离开关和断路器等设备或在带电运行的高压和低压电气设备上工作时，可预防接触电压。

绝缘靴也是由绝缘性能良好的特种橡胶制成，穿戴它带电操作高压或低压电气设备时，可防止跨步电压对人体的伤害。

绝缘棒又称绝缘杆、操作杆或拉闸杆，用电木、胶木、环氧玻璃布棒等材料制成。

3) 警示标识

电子产品在出厂后，产品空白处以及说明书中均会有相应的警示标识，以提醒用户严格按照规范进行操作。警示标识的警告程度由强至弱分别为：危险(图标底色为红色)、警告(图标底色为橙色)、注意(图标底色为黄色)和须知(图标底色为蓝色)，如图 1-7 所示。

图 1-7　警示标识

3. 漏电保护装置

在用电设备中安装漏电保护装置是防止漏电事故发生的一项重要保护措施。在某些情况下，将电气设备的外壳进行保护接地或保护接零会受到限制或起不到保护作用。例如，个别远距离的单台设备或不便铺设中性线的场所，以及土壤电阻率太大的地方，都将使接地、接零保护难以实现。另外，当人与带电导体直接接触时，接地和接零也难以起到保护作用。所以，在供配电系统或电力装置中加装漏电保护装置(亦称剩余电流断路器或触电保安器)，是行之有效的后备保护措施。

漏电保护装置种类繁多，按照装置动作启动信号的不同，一般可分为电压型和电流型两大类。目前，广泛采用的是反应零序电流的电流型漏电保护装置。电流型漏电保护装置的动作信号是零序电流。按零序电流取得方式的不同，可分为有电流互感器和无电流互感器两种。

1) 有电流互感器的电流型漏电保护装置

这种保护装置是由中间执行元件在接收电网发生接地故障时所产生的零序电流信号断开被保护设备的控制回路，切除故障部分。按中间执行元件的结构不同，可分为灵敏继电器型、电磁型和电子式三种。

2) 无电流互感器的电流型漏电保护装置

这种保护装置结构简单、成本低廉，只适用于中性点不接地系统，适用于线路，不适用于设备。而我国低压系统一般采用中性点直接接地，故其适用范围受到限制。

1.3.4 触电急救

1. 脱离电源

触电急救，首先要使触电者迅速脱离电源，越快越好。因为电流作用时间越长，伤害越严重。脱离电源就是要把触电者接触的那一部分带电设备的开关、刀开关或其他断路设备断开；或设法将触电者与带电设备脱离。在脱离电源过程中，救护人员既要救人，又要注意保护自己。触电者未脱离电源前，救护人员不准直接用手触及触电者，以免发生触电危险。

1) 脱离低压电源

(1) 触电者触及低压设备时，救护人员应设法迅速切断电源，如就近拉开电源开关或刀开关、拔除电源插头等。

(2) 如果电源开关、瓷插熔断器或电源插座距离较远，可用有绝缘手柄的电工钳或干燥木柄的斧头、铁锹等利器切断电源。切断点应选择导线在电源侧有支撑物处，防止带电导线断落触及其他人体。剪断电线要分相，一根一根地剪断，并尽可能站立在绝缘物体或木板上。

(3) 如果导线搭落在触电者身上或压在身下，可用干燥的木棒、竹竿等绝缘物品将触电者拉脱电源。如果触电者衣服是干燥的，又没有紧缠在身上，不至于使救护人员直接触及触电者的身体时，救护人员可直接用一只手抓到触电者不贴身的衣服，将触电者拉脱电源。也可站在干燥的木板、木桌椅或橡胶垫等绝缘物品上，用一只手将触电者拉脱电源。

(4) 如果电流通过触电者入地，并且触电者紧握导线，可设法用干燥的木板塞进其身下使其与地绝缘而切断电流，然后采取其他方法切断电源。

2) 脱离高压电源

抢救高压触电者脱离电源与低压触电者脱离电源的方法大为不同，因为电压等级高，一般绝缘物对抢救者不能保证安全，电源开关距离远、不易切断电源，电源保护装置比低压灵敏度高。为使高压触电者脱离电源，可用如下方法。

(1) 尽快与有关部门联系，断电。

(2) 带上绝缘手套，穿上绝缘鞋，拉开高压断路器或用相应电压等级的绝缘工具拉开高压跌落式熔断器，切断电源。

(3) 如触电者触及高压带电线路，又不可能迅速切断电源开关时，可采用抛挂足够截面、适度长度的金属短路线的方法，迫使电源开关跳闸。抛挂前，将短路线的一端固定在铁塔或接地引线上，另一端系重物。但抛掷短路线时，应注意防止电弧伤人或断线危及人员安全。

(4) 如果触电者触及断落在地上的带电高压导线，救护人员应穿绝缘鞋或临时双脚并紧跳跃接近触电者，否则不能接近断线点 8m 以内，以防跨步电压伤人。

3) 注意事项

(1) 救护人员不得采用金属或其他潮湿的物品作为救护工具。

(2) 未采取任何绝缘措施，救护人员不得直接触及触电者的皮肤和潮湿衣物。

(3) 在使触电者脱离电源的过程中，救护人员最好使用一只手操作，以防触电。

(4) 当触电者站立或位于高处时，应采取措施防止脱离电源后触电者摔跌。

(5) 夜晚发生触电事故时，应考虑切断电源后的临时照明问题，以便急救。

2. 现场急救

触电者脱离电源后，应迅速正确判定其触电程度，有针对性地实施现场紧急救护。

1) 触电者伤情判定

(1) 触电者如神态清醒，只是心慌、四肢发麻、全身无力，但没有失去知觉，则应使其就地平躺、严密观察，暂时不要站立或走动。

(2) 触电者若神志不清、失去知觉，但呼吸和心跳尚正常，应使其舒适平卧，保持空气流通，同时立即请医生或送医院诊治。随时观察，若发现触电者出现呼吸困难或心跳失常，则应迅速用心肺复苏法进行人工呼吸或胸外心脏按压。

(3) 如果触电者失去知觉，心跳呼吸停止，则应判定触电者是否为假死症状。触电者若无致命外伤，没有得到专业医务人员证实，不能判定触电者死亡，应立即对其进行心肺复苏。

对触电者应在 10s 内用看、听、试的方法，判定其呼吸、心跳情况。具体的操作方法包括：看伤员的胸部、肺部有无起伏动作；用耳贴近伤员的口鼻处，听有无呼吸的声音；试测伤员的口鼻有无呼气的气流，再用两手指轻试一侧(左或右)喉结旁凹陷处的颈动脉有无脉动；若看、听、试的结果是既无呼吸又无动脉搏动，可判定伤员的呼吸心跳停止。

2) 心肺复苏法

触电伤员呼吸和心跳均停止时，应立即按照心肺复苏支持生命的三项基本措施，正确地进行就地抢救。

(1) 畅通气道。

触电者呼吸停止，重要的是始终确保气道畅通。如发现伤员口内有异物，可将其身体及头部同时侧转，迅速用一个手指或两个手指交叉从口角处插入，取出异物。操作中要防止将异物推到咽喉深处。通畅气道可以采用仰头抬颌法，用一只手放在触电者前额，另一只手的手指将其下颌骨向上抬起，两手协同将头部后仰，舌根随之抬起。严禁用枕头或其他物品垫在触电者头下，头部抬高前倾，会加重气道阻塞，且使胸外按压时流向脑部的血液减少，甚至消失。

(2) 口对口(鼻)人工呼吸。

在保持触电者气道通畅的同时，救护人员在触电者头部的右边或左边，用一只手捏住触电者的鼻翼，深吸气，与伤员口对口紧合，在不漏气的情况下，连续大口吹气两次，每次 1～1.5s。如两次吹气后测试颈动脉仍无脉动，可判断心跳已经停止，要立即同时进行胸外按压。

除开始大口吹气两次外，正常口对口(鼻)人工呼吸的吹气量不需过大，但要使触电者的胸部膨胀，每 5s 吹一次(吹 2s，放松 3s)。对触电的小孩，只能小口吹气。救护人换气时，放松触电者的嘴和鼻，使其自动呼气，吹气时如有较大阻力，可能是头部后仰不够，应及时纠正。触电者如牙关紧闭，可口对鼻人工呼吸。口对鼻人工呼吸时，要将伤员嘴唇紧闭，防止漏气。

(3) 胸外按压。

胸外按压是现场急救中使触电者恢复心跳的唯一手段。首先,要确定正确的按压位置。正确的按压位置是保证胸外按压效果的重要前提。确定正确按压位置的步骤如下:右手的食指和中指沿触电者的右侧肋弓下缘向上,找到肋骨和胸骨接合点的中点;两手指并齐,中指放在切迹中点(剑突底部),食指放在胸骨下部;另一只手的掌根紧挨食指上缘,置于胸骨上,即为正确按压位置。

另外,正确的按压姿势是达到胸外按压效果的基本保证。正确的按压姿势如下:使触电者仰面躺在平硬的地方,救护人员立或跪在伤员一侧肩旁,救护人员的两肩位于伤员胸骨正上方,两臂伸直,肘关节固定不曲,两手掌根相叠,手指翘起,不接触触电者胸壁;以髋关节为支点,利用上身的重力,垂直将正常成人胸骨压陷3～5cm(儿童和瘦弱者酌减)。压至要求程度后,立即全部放松,但放松救护人员的掌根不得离开胸壁。按压必须有效,有效的标志是按压过程中可以触及颈动脉搏动。

胸外按压要以均匀速度进行,每分钟80次左右,每次按压和放松的时间相等;胸外按压与口对口(鼻)人工呼吸同时进行,其节奏为单人抢救时,每按压15次后吹气2次,反复进行;双人抢救时,每按压5次后另一个吹气1次,反复进行;按压吹气1min后,应用看、听、试的方法在5～7s时间内完成对伤员呼吸和心跳是否恢复的再判定。若判定颈动脉已有脉动但无呼吸,则暂停胸外按压,而再进行2次口对口人工呼吸,接着每5s吹气一次。如脉搏和呼吸均未恢复,则继续进行心肺复苏法抢救。

3) 现场急救注意事项

(1) 现场急救贵在坚持,在医务人员来接替抢救前,现场人员不得放弃现场急救。

(2) 心肺复苏应在现场就地进行,不要为方便而随意移动伤员,如确需移动时,抢救中断时间不应超过30s。

(3) 现场触电急救,对采用肾上腺素等药物应持谨慎态度,如果没有必要的诊断设备条件和足够的把握,不得乱用。

(4) 对触电过程中的外伤特别是致命外伤(如动脉出血等),也要采取有效的方法处理。

总结与思考

本章主要介绍了职业素养培养、电子系统设计流程、安全用电三个方面,让大家对电子工程有一个轮廓认识。我们应该从未来工程师角度,认真对待电子工艺实习,并结合所学专业知识,深刻领会电子工艺实习内容。

请读者思考以下问题。

(1) 电子工艺实习应遵循哪些操作规范?

(2) 对比保护接地、保护接零和中性点重复接地,比较其优缺点。

第2章　常用电子元器件的识别与检测

电子元器件是电子电路中具有某种独立功能的单元，是构成电子设备的基本单元，通常可以分为有源元件和无源元件两类。前者包括电阻器、电位器、电容器、电感器、电声器件等，后者包括二极管、晶体管、集成电路等。电子元器件的品种繁多、用途广泛、而且性能交错，新产品不断涌现。本章列举了一些常用的元器件以供读者参考学习。

电子元器件是组成电子产品的基础，了解常用电子元器件的种类、型号、性能参数和检测方法是学习、掌握电子工艺的基础。读者应不局限于书本内容，积极通过网络、向生产厂家索取元器件手册等途径查阅相关技术资料，深入了解元器件的性能、参数与封装形式，以便更好的识别、检测元器件。

2.1　电　阻　器

电阻器简称电阻，是对电流具有一定阻力的元器件，通常用 R 表示，其电路符号如图 2-1 所示。电阻的基本单位是欧姆，用希腊字母 Ω 表示，常用数量级还有千欧($k\Omega$)和兆欧($M\Omega$)。在电子设备中，电阻器主要用于稳定和调节电路中的电流和电压，其次还可以作为消耗电能的负载、分流器、分压器、稳压电源中的取样电阻、晶体管电路中的偏置电阻等。

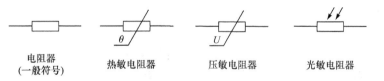

电阻器
(一般符号)　　　热敏电阻器　　　压敏电阻器　　　光敏电阻器

电阻器(分类、标识、检测)

图 2-1　电阻器的电路符号

2.1.1　电阻器的分类

电阻器通常按阻值特性、制造材料、功能等进行分类。

(1) 按照制造材料可分为碳膜电阻、金属膜电阻、水泥电阻、线绕电阻等，如图 2-2 所示。因为成本低廉，碳膜电阻在一般的家用电器上使用较多。金属膜电阻精度要高些，一般使用在要求较高的设备上。水泥电阻和线绕电阻都能承受较大功率，线绕电阻的精度也较高，因此这两种电阻常用于要求很高的测量仪器。

(2) 按照阻值特性可分为固定电阻、可调电阻、敏感电阻(如热敏电阻、光敏电阻和压敏电阻等)，如图 2-2 所示。

(3) 按照功能不同可分为负载电阻、采样电阻、分流电阻、保护电阻等。

(4) 按外形可分为圆柱形、管形、方形、片状、集成电阻等。

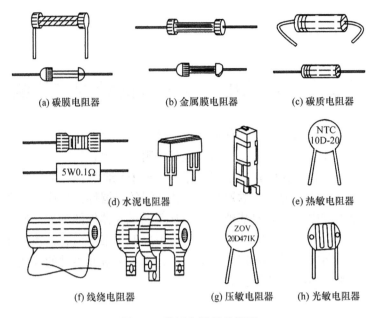

(a) 碳膜电阻器　　　　(b) 金属膜电阻器　　　　(c) 碳质电阻器

(d) 水泥电阻器　　　　　　　　　　　　(e) 热敏电阻器

(f) 线绕电阻器　　　　　(g) 压敏电阻器　　　　(h) 光敏电阻器

图 2-2　常用电阻器的外形

2.1.2　电阻器的标识和主要性能参数

1. 电阻器的标识方法

1) 直标法

用数字和单位符号在电阻器表面标出阻值，其允许误差直接用百分数表示，常用精度为±1%、±5%。

2) 文字符号法

用阿拉伯数字和文字符号有规律的将两者组合起来表示标称阻值，其允许偏差也用文字符号表示。符号前面的数字表示整数阻值，后面的数字依次表示第一位小数阻值和第二位小数阻值。如标识为"3Ω3"表示阻值为3.3Ω，"5k6"表示阻值为5.6kΩ，"Ω1"表示阻值为0.1Ω。

3) 数码法

数码法是在电阻器上用三位数码表示标称值的标志方法。数码从左到右，第一、二位为有效值，第三位为指数，即零的个数，单位为Ω。数码表示法常见于集成电阻器和贴片电阻器等。如标识为"104"表示阻值为 $10\times10^4\Omega$。

4) 色标法

小功率碳膜和金属膜电阻，一般都用色环表示电阻阻值的大小，这种在电阻上用四道或五道色环表示标称阻值和允许偏差的方法即为色标法。国外电阻大部分采用色标法。电阻色环的意义和表示方法如图 2-3 所示。

(1) 四色环电阻的读法。

第一条色环：阻值的第一位数字；第二条色环：阻值的第二位数字；第三条色环：10的幂数；第四条色环：误差。图 2-3 中的四环电阻色环为"棕绿橙金"，则第一位为1，第二位为5，10 的幂为 3(即 1000)，误差为±5%，即阻值为 $15\times10^3\ \Omega=15k\Omega$。

(2) 五色环电阻读法。

第一条色环：阻值的第一位数字；第二条色环：阻值的第二位数字；第三条色环：阻值的第三位数字；第四条色环：10 的幂数；第五条色环：误差。图 2-3 中的五环电阻色环为"绿蓝黑黑棕"，第一位为 5，第二位为 6，第三位为 0，10 的幂为 0，误差为±1%，即阻值为 $560×10^0Ω=560Ω$。

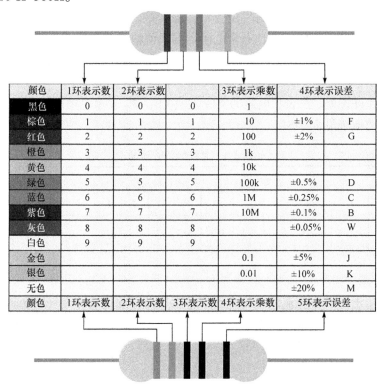

图 2-3　电阻色环的标识方法

(3) 判别第一条色环的方法。

四色环电阻为普通型电阻，只有三种误差系列，允许偏为±5%、±10%、±20%，所对应的色环为金色、银色、无色。而金色、银色、无色这三种颜色没有有效数字，所以，金色、银色、无色作为四色环电阻器的偏差色环，即为最后一条色环。

2. 电阻器的主要性能参数

1) 标称阻值

电阻器的标称阻值即为电阻器上所标注的阻值。常用电阻器标称阻值系列见表 2-1，电阻值精度等级见表 2-2。

表 2-1　常用电阻器标称阻值

允许误差	标称阻值$×10^n$(n 为整数)											
±5%(E24 系列)	1.0	1.1	1.2	1.3	1.5	1.6	1.8	2.0	2.2	2.4	2.7	3.0
	3.3	3.6	3.9	4.3	4.7	5.1	5.6	6.0	6.8	7.5	8.2	9.1
±10%(E12 系列)	1.0	1.2	1.5	1.8	2.2	2.7	3.3	3.9	4.7	5.6	6.8	8.2
±20%(E6 系列)	1.0		1.5		2.2		3.3		4.7		6.8	

表 2-2　电阻值精度等级

精度等级	005	01(或 00)	02(或 0)	Ⅰ	Ⅱ	Ⅲ
允许误差	±0.5%	±1%	±2%	±5%	±10%	±20%

2) 允许偏差

电阻的实际值往往与标称值有一定差距，即误差。两者之间的偏差允许范围为允许偏差，它标志着电阻器的阻值精度。通常电阻器的阻值精度可由下式计算：

$$\delta = \frac{R - R_R}{R_R} \times 100\% \tag{2-1}$$

式中，δ 表示允许误差；R 表示电阻的实际阻值(Ω)；R_R 表示电阻的标称阻值(Ω)。

允许偏差的等级见表 2-3。

表 2-3　允许偏差的等级

	对称误差											不对称偏差		
标志符号	H	U	W	B	C	D	F	G	J	K	M	R	S	Z
允许偏差/%	±0.01	±0.02	±0.05	±0.1	±0.2	±0.5	±1	±2	±5	±10	±20	±100~10	±50~20	±80~20

3) 额定功率

额定功率指电阻器在交流或直流电路中，在产品标准规定的大气压和额定温度下，长期连续工作所允许承受的最大功率。电阻器额定功率采用标准化的功率系列值，常用的电阻额定功率有 1/16W、1/8W、1/4W、1/2W、1W、2W、3W、5W、10W 等。

2.1.3 电阻器的检测方法

首先应对电阻进行外观检查，即查看外观是否完好无损、标志是否清晰。对电阻的检测，主要是检测其阻值及其好坏，用万用表的电阻挡测量电阻的阻值，将测量值和标称值进行比较，从而判断电阻是否出现故障。注意测量前应切断电阻与其他元器件的连接。

1. 用指针万用表检测电阻

首先选择测量挡位，一般 100Ω 以下电阻器可选 R×1 挡，100Ω～1kΩ 的电阻器可选 R×10 挡，1～10kΩ 电阻器可选 R×100 挡，10～100kΩ 的电阻器可选 R×1k 挡，100kΩ 以上的电阻器可选 R×10k 挡。测量时将万用表的两表笔分别接电阻器的两端，根据表针所指刻度读数，如果表针不动、指示不稳定或指示值与电阻器上的标称值相差很大，则说明该电阻器已损坏。

2. 用数字万用表检测电阻

首先将万用表的挡位旋钮调到电阻挡的适当挡位，一般 200Ω 以下电阻器可选 200 挡，200Ω～2kΩ 的电阻器可选 2k 挡，2～20kΩ 的电阻器可选 20k 挡，以此类推，选择刚好比标称值大的量程。测量时将万用表的两表笔分别和电阻器的两端相接，查看万用表的显示值，若显示值与标称值相差过大，超过允许误差，则说明电阻器已损坏。

2.2　电　位　器

电位器是可连续调节的可变电阻，在电路中用字母 *R* 或 RP 表示，其电路符号如图 2-4 所示。电位器阻值的单位与电阻器相同，基本单位也是欧姆(Ω)。

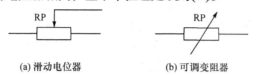

(a) 滑动电位器　　　　　(b) 可调变阻器

图 2-4　电位器的一般电路符号

电位器(分类、标识、检测)

2.2.1　电位器的分类

图 2-5 为一些不同种类的电位器实物图。

(1) 按照实体材料不同可分为线绕电位器和非线绕电位器两大类。

(2) 按照接触方式可分为接触式电位器、非接触式电位器。

(3) 按照结构特点可分为单联电位器、双联电位器、多联电位器、单圈电位器、多圈电位器、开关电位器、锁紧电位器和非锁紧电位器等。其中，提拉开关电位器如图 2-5(c) 所示，多圈电位器如图 2-5(d) 所示。

(4) 按照调节方式可分为旋转式电位器、直滑式电位器、划线电位器。其中，直滑式电位器和划线电位器分别如图 2-5(e)、(f)所示。

(a) 微调电位器　　　(b) 碳膜电位器　　　(c) 提拉开关电位器　　　(d) 多圈电位器

(e) 直滑式电位器　　　　　　　(f) 划线电位器

图 2-5　常用电位器的外形

2.2.2　电位器的标识和主要性能参数

1. 电位器的标识方法

电位器的标识通常采用直接标注法，即用字母和数字直接将有关参数标注在电位器壳体上，表示电位器的型号、类别、标称阻值、误差、额定功率等。

电位器的标称阻值的标识通常有两种方法：①在外壳上直接标出其电阻的最大值，其电阻的最小值一般视为零；②用三位有效数字表示，前两位有效数字表示电阻的有效值，第三位数字表示幂数。例如：标识为"232"的电位器，其最大阻值为 $23×10^2Ω=2300Ω=2.3kΩ$。

2. 电位器的主要性能参数

(1) 额定功率。电位器的两个固定端上允许耗散的最大功率为电位器的额定功率。使用中应注意额定功率不等于滑动端与固定端之间所承受的功率。

(2) 标称阻值。标在产品上的名义阻值，指电位器的最大电阻值。

(3) 允许误差。电位器实测阻值与标称阻值的误差范围，根据不同精度等级可允许偏差为±20%、±10%、±5%、±2%、±1%，精密电位器的精度可达±0.1%。

(4) 阻值变化规律。阻值变化规律是指阻值随滑动片触点旋转角度(或滑动行程)之间的变化关系，这种变化关系可以是任何函数形式。在使用中，直线式电位器适合于做分压器；反转对数式(指数式)电位器适合于做收音机、录音机、电唱机及电视机中的音量控制器。

2.2.3 电位器的检测方法

首先应对电位器进行外观检查，即查看外观是否完好无损、标志是否清晰等。转动电位器的转轴，看转动是否平滑、有无机械杂音等。带开关的电位器应检查开关是否灵活。检测电位器前，应先切断电位器与其他元器件的连接。然后用万用表电阻挡对电位器进行检测：①测量两固定端的电阻值是否符合标称阻值及在允许误差范围内；②测量连接的活动端与电阻片的接触情况，转动转轴同时测量固定端与活动端之间电阻变化是否连续，变化不连续则可能有接触不良的问题；③测量固定端与活动端的最小阻值是否接近零，测量固定端与活动端的最大阻值是否接近标称阻值。

2.3 电 容 器

由绝缘介质隔开的两个导体构成一个电容。电容是储能元件，广泛应用于隔直、耦合、旁路、滤波、调谐回路、能量转换和控制电路等。电容用 C 表示，其基本单位为 F(法拉)，常用量级有 μF(微法)、nF(纳法)、pF(皮法)，相互之间的换算关系如下：

$$1F=10^6μF=10^{12}pF, \qquad 1μF=10^3nF=10^6pF, \qquad 1nF=10^3pF$$

如图 2-6 所示为电容器的电路符号。

电容器(分类、标识、检测)

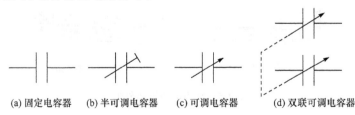

(a) 固定电容器   (b) 半可调电容器   (c) 可调电容器   (d) 双联可调电容器

图 2-6　电容器的电路符号

2.3.1 电容器的分类

(1) 按照结构可分为固定电容器和可调电容器。常用电容器的外形如图 2-7 所示，固定电容器包括无极性和有极性两种，可调电容器包括微调电容器和一般可调电容器。

(2) 按电解质可分为有机介质电容器、无机介质电容器、电解质电容器和气体介质电容器等。

(3) 按制造材料的不同可以分为瓷介电容器、涤纶电容器、电解电容器、钽电容器、聚丙烯电容器(CBB)等。

(4) 根据安装方式可分为直插式电容器和表贴式电容器。

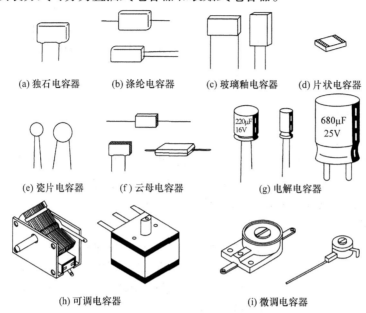

(a) 独石电容器　(b) 涤纶电容器　(c) 玻璃釉电容器　(d) 片状电容器

(e) 瓷片电容器　(f) 云母电容器　　　(g) 电解电容器

(h) 可调电容器　　　　　(i) 微调电容器

图 2-7　常用电容器的外形

2.3.2　电容器的标识和主要性能参数

1. 电容器的标识方法

(1) 直标法。把产品的标称容量、耐压、误差等级等直接标在外壳上的方法称为直标法,用数字和单位符号直接标出。若容量是零点零几,常把整数位的"0"省去,如标识".01μF"表示 0.01μF,有些电容用"R"表示小数点,如"R56"表示 0.56μF。

(2) 数字符号法。用 2～4 位数字和 1 个字母有规律的组合表示电容量。其中,数字表示有效数值,字母表示数值的量级,如"p10"表示 0.1pF,"1p0"表示 1pF,"6p8"表示 6.8pF,"4μ7"表示 4.7μF。

(3) 色标法。用色环或色点表示电容器的主要参数。电容器的色标法与电阻相同,此处不再赘述。

2. 电容器的主要性能参数

(1) 额定工作电压。电容的额定工作电压是指在正常工作时允许加的最大电压。电容器的耐压值一般直接标注在电容器外壳上,若工作电压超过电容器的耐压,电容器就会击穿,造成不可修复的永久性损坏。常用固定式电容的直流工作电压系列为 6.3V、10V、16V、25V、40V、63V、100V、160V、250V、400V。

(2) 电容器标称容量与允许误差。电容器的标称电容量是指在电容上所标注的容量,电容器实际电容量与标称容量之差除以标称容量值所得的百分数为电容器的允许误差,允许的误差范围称为精度。固定式电容器的标称容量系列和容许误差见表 2-4。

表 2-4　固定式电容器的标称容量系列和容许误差

系列代号	E24	E12	E6
容许误差	±5%(Ⅰ)或(J)	±10%(Ⅱ)或(K)	±20%(Ⅲ)或(M)
标称容量对应值	10, 11, 12, 13, 15, 16, 18, 20, 22, 24, 27, 30, 33, 36, 39, 43, 47, 51, 56, 62, 68, 75, 82, 90	10, 12, 15, 18, 22, 27, 33, 39, 47, 56, 68, 82	10, 15, 22, 23, 47, 68

2.3.3　电容器的检测方法

1. 电容的常见故障

电容的常见故障主要有开路故障、击穿和漏电。①开路故障时电容的引脚在内部断开使电容的电阻为无穷大；②电容击穿时电容的两极板间的介质绝缘性被破坏，变成导体，电容的阻值为零；③电容漏电导致在路电阻变小、漏电流过大。

2. 电容的检测

用指针万用表电阻挡进行电容的充放电测试。①利用尖嘴钳对电容器进行放电，从电路板取下电容器；②两只表笔分别接触被测电容的管脚，对电容器充电，表针偏转后返回，再将两表笔调换一次测量，表针将再次偏转并返回。测试过程中，万用表指针偏转表示充放电正常，指针能够回到∞，说明电容器没有短路。

1) 无极性电容器的检测

此类电容器容量小，需使用万用表的高电阻挡观察被测电容器的充放电现象。检测≤1μF 的电容选用 R×10k 挡；检测＞1μF 的电容选用 R×1k 挡。若指针迅速向 0Ω 摆动并能回到∞，说明电容正常。

2) 电解电容器的检测

电解电容器容量较大，需使用万用表低电阻挡检测，可以清楚地看到指针在充放电过程中的偏转。检测电容在 1～100μF 选用 R×1k 挡；检测电容在 100μF 以上，选用 R×100 挡，表针摆动幅度能达到满刻度，无法比较电容大小，这时可降低电阻挡位，用 R×10 挡。1000μF 以上的电容器甚至可用 R×1 挡来测试，根据电解电容器正接时漏电电流小，反接时漏电电流大的特点，可以判别其极性。

3) 可变电容器的检测

可变电容器容量从几皮法到几百皮法变化，用万用表测量常常看不出指针偏转，只能判别是否有短路(特别是空气介质可变电容器易碰片)。将两只表笔分别接在可变电容器的动片和静片引出线上，旋转电容器动片，观察万用表指针，此时万用表指针都应指向∞。如发现表针有时偏转至零，说明动片与定片之间有碰片处；如果在旋转过程中表针有时指向一定阻值，说明动片与定片之间存在漏电现象。旋转动片时速度要慢，以免漏过短路点。

2.4　电　感　器

电感器简称电感，是一种储能元件，利用自感作用进行能量传输。电感用 L 表示，其电路符号如图 2-8 所示。它是由导线一圈圈地绕在绝缘管上，导线彼此互相绝缘，而绝缘管可以是空心的，也可以包含铁芯或磁芯。电感在电路中具有耦合、滤波、阻流、补偿和调谐等作用。电感的单位有亨利(H)、毫亨(mH)、微亨(μH)，$1H=10^3mH=10^6\mu H$。

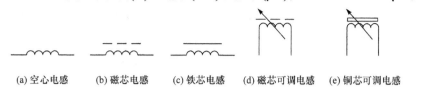

电感器(分
类、标识、
检测)

(a) 空心电感　　(b) 磁芯电感　　(c) 铁芯电感　　(d) 磁芯可调电感　　(e) 铜芯可调电感

图 2-8　电感的电路符号

2.4.1　电感器的分类

电子设备根据种类及用途的不同，需要各种各样的电感器。电感器根据其使用场所的不同制作方法各不相同，有卷线型、积层等。

(1) 按导磁体性质可分为空心电感、磁芯电感、铁氧体电感、铁芯电感、铜芯电感。

(2) 按工作性质可分为高频电感、低频电感、稳频电感、退耦电感等。

(3) 按绕线结构可分为单层线圈、多层线圈、蜂房式电感。

(4) 按安装方式可分为直插式和表贴式等。

(5) 按电感形式可分为固定电感和可调电感。常用电感外形如图 2-9 所示。

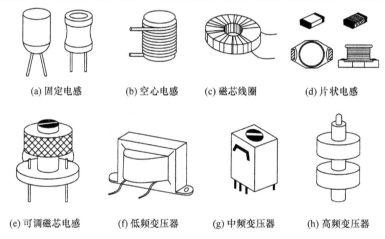

(a) 固定电感　　　　(b) 空心电感　　　　(c) 磁芯线圈　　　　(d) 片状电感

(e) 可调磁芯电感　　(f) 低频变压器　　(g) 中频变压器　　(h) 高频变压器

图 2-9　常用电感的外形

2.4.2　电感器的标识和主要特性参数

1. 电感器的标识方法

1) 直标法

将电感器的标称电感量用数字和文字符号直接标在电感器外壁上。电感量单位后用一个英文字母表示其允许偏差。

2) 数字符号法

将电感器的标称值和允许偏差用数字和文字符号按一定的规律组合标示在电感体上。采用这种标示方法的通常是一些小功率电感器。其单位通常为 nH 或 μH，用 μH 做单位时，"R" 表示小数点；用 nH 做单位时，"n" 代替 "R" 表示小数点。如 "3n6" 表示电感量为 3.6nH，"3R6" 则代表电感量为 3.6μH，"36n" 表示电感量为 36nH。

3) 色标法

色标法是指在电感器表面涂上不同的色环来代表电感量(与电阻器类似),通常用三个或四个色环表示。紧靠电感体一端的色环为第一环,露出电感体本色较多的另一端为末环。一般有三环和四环,前 2 位数字是有效数字,第 3 位是倍率,如果有第四位则是表示误差等级。EC24、EC36、EC46 系列的色码电感器电感量在 0.1μH 以下时,用金色条码表示小数点,另外的色码表示其电感量。EC22 系列的色码电感器体积小,只用三个色码表示,所以不会标出电感量容许误差。如图 2-10 所示为电感器色环的意义和表示方法,图中电感色环颜色分别为"棕黑金金"则电感器的电感量为 1μH,误差为±5%。色环电感器与色环电阻器的外形相近,使用时要注意区分,通常情况下,色环电感器的外形以短粗居多,而色环电阻器通常为细长。

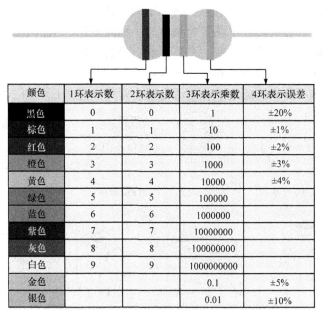

颜色	1环表示数	2环表示数	3环表示乘数	4环表示误差
黑色	0	0	1	±20%
棕色	1	1	10	±1%
红色	2	2	100	±2%
橙色	3	3	1000	±3%
黄色	4	4	10000	±4%
绿色	5	5	100000	
蓝色	6	6	1000000	
紫色	7	7	10000000	
灰色	8	8	100000000	
白色	9	9	1000000000	
金色			0.1	±5%
银色			0.01	±10%

图 2-10　电感器色环的标识方法

4) 数码标识法

用三位数字表示电感器电感量的标称值。该方法常见于贴片电感。在三位数字中,从左至右的第一、第二位为有效数字,第三位数字表示有效数字后面所加"0"的个数(单位为 μH)。如果电感量中有小数点,则用"R"表示,并占有一位有效数字。电感量单位后面用一个英文字母表示其允许偏差。

2. 电感器的主要特性参数

(1) 电感量。电感量用 L 表示,是线圈本身的固有特性,与电流大小无关。除专门的电感线圈(色码电感)外,电感量一般不专门标注在线圈上,而以特定的名称标注。

(2) 感抗。电感线圈对交流电流阻碍作用的大小称感抗,用 X_L 表示,单位是 Ω。它与电感量 L 和交流电频率 f 的关系为 $X_L=2\pi fL$。

(3) 品质因数。品质因数是表示线圈质量的一个物理量,用 Q 表示,储存能量与消耗能量的比值称为品质因数 Q 值，具体表现为线圈的感抗 X_L 与线圈的损耗电阻 R 的比值，即 $Q=X_L/R$。线圈的 Q 值越高，回路的损耗越小。

(4) 分布电容。线圈的匝与匝间、线圈与屏蔽罩间、线圈与底板间存在的电容称为分布电容，这些电容的作用可以看作一个与线圈并联的等效电容，分布电容的存在使线圈的 Q 值减小，稳定性变差，因而线圈的分布式电容越小越好。

2.4.3　电感器的检测方法

(1) 检查线圈外观有无断线、生锈、发霉、松散或烧焦等情况。

(2) 使用万用表检测电感器是否开路或局部短路，以及粗略检测电感量的相对大小。电感器的直流电阻一般很小，匝数多、线径细的能达几十欧，对于有中心抽头的线圈只有几欧左右，若用万用表 R×1 欧挡测得的阻值远大于上述阻值，则说明线圈开路；若阻值为 0，其内部有短路；若阻值为∞，其内部开路；只要能测出阻值，外形、外表颜色正常，则被测电感正常。

2.5　变　压　器

变压器也是一种电感，是一种利用互感原理来传输能量的器件。变压器具有变压、变流、变阻抗、耦合和匹配等主要作用，其电路符号如图 2-11 所示。

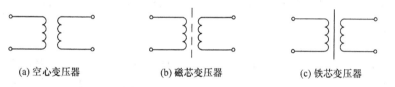

(a) 空心变压器　　　　　(b) 磁芯变压器　　　　　(c) 铁芯变压器

变压器(分类、检测)

图 2-11　变压器的电路符号

2.5.1　变压器的分类

(1) 按用途分类：有电力变压器、特种变压器(如工频试验变压器、调压器、音频变压器、中频变压器、高频变压器和互感器等)。

(2) 按电源相数分类：有单相变压器、三相变压器和多相变压器。

(3) 按结构分类：有双绕组变压器、三绕组变压器、多绕组变压器和自耦变压器。

(4) 按铁芯或线圈结构分类：芯式变压器、壳式变压器、环形变压器和辐射式变压器等。

(5) 按导电材质分类：有铜线变压器、铝线变压器和超导变压器等。

(6) 按调压方式分类：可分为无励磁调压变压器和有载调压变压器。

(7) 按中性点绝缘水平分类：有全绝缘变压器和半绝缘(分级绝缘)变压器。

(8) 按工作频率方式分类：有高频变压器、中频变压器和低频变压器。

(9) 其他方式分类：有油浸式变压器和干式变压器等。

2.5.2　变压器的主要特性参数

(1) 额定功率。指在额定电压和电流下，变压器能长期工作而不超过规定温升的输出功率。

(2) 额定电压。指在变压器的线圈上所允许施加的电压，工作时不得大于规定值。

(3) 电压比。指变压器的一次电压与二次电压的比值，或一次绕组匝数与二次绕组匝数的比值。

(4) 空载电流。变压器二次侧开路时，一次侧仍有一定的电流，这部分电流称为空载电流。空载电流由磁化电流和铁损电流组成。

(5) 空载损耗。指变压器二次侧开路时，在一次侧测得的功率损耗。主要损耗是铁芯损耗，其次是空载电流在一次绕组铜阻上产生的损耗，这部分损耗很小。

(6) 绝缘电阻。指变压器各绕组之间以及各绕组对铁芯(或机壳)之间的电阻。它表示变压器各线圈之间、各线圈与铁芯之间的绝缘性能。

2.5.3　变压器的检测方法

(1) 测量绝缘电阻。万用表 R×10k 挡红表笔搭在铁芯上，黑表笔放在线圈次级或初级，分别测量各绕组电阻，若阻值较小，则绝缘性能差；若阻值为∞，则性能正常。

(2) 检测初次级绕组。检测方法与电感一样，使用万用表 R×1 挡测量，若阻值为 0，其内部有短路；若阻值为∞，其内部开路。注意：线圈有无烧焦或变形，如有一般应更换。

2.6　半导体分立器件

半导体分立器件主要包括二极管、晶体管、场效应晶体管和晶闸管。

2.6.1　二极管

二极管就是由一个 PN 结加上两条引线封装而成，有 P 区和 N 区，P 区引出线为正极，N 区引出线为负极。二极管的结构如图 2-12 所示。二极管最显著的特性为单向导电性，即给二极管加正向电压二极管导通的特性。二极管导通后两端电压降基本保持不变，硅二极管约为 0.7V，锗二极管约为 0.3V。

二极管(特性、分类、检测)

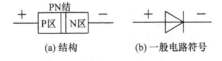

(a) 结构　　　　　(b) 一般电路符号

图 2-12　二极管的结构与电路符号

1. 二极管的分类

二极管的种类很多，根据材料的不同，二极管主要分为硅二极管和锗二极管两大类；根据结构分为点接触型和面接触型，面接触型能通过的电流较大，点接触型则相反；根据用途的不同，二极管的分类如图 2-13 所示。

(1) 整流二极管：是利用 PN 结的单向导电性，把交流电变成脉动直流电。常用的有 1N4001-1N4007、SS14 和 SS34 等。

(2) 稳压二极管：是工作在反向状态，利用二极管反向击穿时两端电压基本不变的原理，当有一个适当的电流流过时，其两端会产生一个稳定的电压。主要用于浪涌保护电路、过压保护电路等。常用的有 1N47 系列、1N52 系列、2CW 系列和 2DW8C 等。

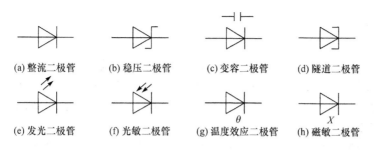

图 2-13 常用二极管的分类

(3) 开关二极管：利用二极管的单向导电性，正偏时处于导通状态，反偏时截止，即开关作用。常用的有普通、高速、超高速开关二极管，如 2CK13、1N4148 等。

(4) 变容二极管：又称压控变容器，是根据所提供的电压变化而改变结电容的半导体，工作在反向偏压状态。在高频调谐、通信等电路中使用。常用的有 1SV149、SMV1255-004 等。

(5) 光敏二极管：是一种光电转换器件，把接收到的光的变化，转变成电流的变化。在光耦合器、红外防盗、路灯控制等电路中应用。常用的有 PH302、PN502、2CU8300 等。

(6) 其他二极管：除上述二极管以外，还有发光二极管、隧道二极管、温度效应二极管、磁敏二极管等。常用二极管的外形如图 2-14 所示。

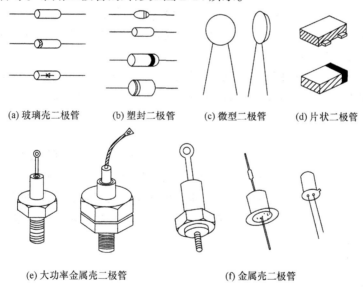

(a) 玻璃壳二极管   (b) 塑封二极管   (c) 微型二极管   (d) 片状二极管

(e) 大功率金属壳二极管   (f) 金属壳二极管

图 2-14 常用二极管的外形

2. 二极管的主要性能参数

1) 最大整流电流(I_F)

二极管在正常连续工作时，能通过的最大正向电流值。由于电流通过二极管时会发热，使用时电路的最大电流不能超过此值。否则二极管会发热过度而烧毁。

2) 最高反向工作电压(V_R)

二极管正常工作时所能承受的最高反向电压。将一定的反向电压加到二极管两端时，二极管的 PN 结不会被击穿。最高反向工作电压一般为反向击穿电压的 1/2 或 2/3，应用中要保证不超过最大反向工作电压。

3) 最大反向工作电流

在最高反向工作电压下，流过二极管的电流为反向电流。理想情况下，二极管具有单向导电性，但实际上反向电压下总有微弱的电流，通常硅管有 1μA 或更小，锗管有几百微安。反向电流的大小，反映了晶体二极管的单向导电性的好坏，反向电流的数值越小越好。

4) 最高工作频率

二极管能正常工作的最高频率，超过此值二极管将失去作用，选用时要考虑电路频率的高低选择二极管。

3. 二极管的极性判别和检测

1) 二极管的极性判别

通常一般二极管负极外表有色圈标识，发光二极管可通过内部晶体面积来识别，面积大的为负，面积小的为正。数字万用表判断二极管时，将挡位放到二极管符号挡位上，红表笔接正极，黑表笔接负极，显示读数较小，此时二极管正偏，反之则为∞。指针式万用表因内部电池与红黑表笔相反，测得二极管极性相反，选用 R×1k 挡位，正向阻值为 1kΩ 左右，反向为∞。注意：二极管属非线性器件，不同表的测数值略有差异，属正常现象。

2) 二极管好坏的检测

数字万用表判断二极管时，将挡位放到二极管符号挡位上，正常时，二极管正向导通压降为 0.60V 左右，反向一般显示 1。如果二极管短路则蜂鸣器发出提示音，则数值显示为 0；如果二极管开路，则测试正反向均无反应。

也可采用数字万用表的电阻挡判断二极管好坏。正常时，二极管的正向电阻一般为几千欧，反向电阻接近无穷大。如果正反向电阻相等、无穷大或为 0，则说明该二极管已损坏。

2.6.2　晶体管

晶体管也可以称为三极管，是一种半导体器件，由两个背靠背的 PN 结加上相应的引出电极线及封装组成。它有 b、c、e 三个电极以及 NPN 和 PNP 两种连接形式，内部结构和电路符号如图 2-15 所示。三极管具有电流放大作用，其实质是能以基极电流微小的变化量来控制集电极电流较大的变化量。这是三极管最基本的和最重要的特性。因此，广泛应用于各类电子设备中。

晶体管(分类、检测)

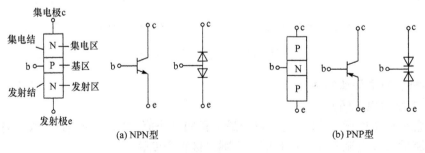

(a) NPN型　　　　　　　　(b) PNP型

图 2-15　晶体管结构和电路符号

1. 晶体管的分类

晶体三极管的种类很多，分类方法也有多种。可按材料、导电类型、频率、功率等进行分类：①按构成材料分为硅管和锗管；②按导电类型分为 PNP 型和 NPN 型；③按工作频率分为低频晶体管、高频晶体管和开关晶体管；④按工作功率分为小功率晶体管、中功率晶体管和大功率晶体管；⑤按外形封装的不同可分为金属壳封装、玻璃壳封装、陶瓷封装、塑料封装三极管等。常用晶体管的外形及引脚排列如图 2-16 所示。

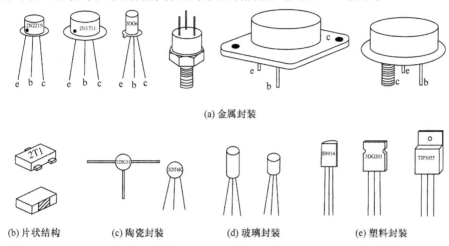

图 2-16　常用晶体管的外形

2. 晶体管的主要参数

1) 共发射极电流放大倍数

共发射极电流放大倍数可分为直流放大倍数(h_{FE})和交流放大倍数(β)两种。直流放大倍数是指在没有交流信号输入时，共发射极电路输出的集电极直流电流与基极输入的直流电流之比。它是衡量晶体管有无放大作用的主要参数，正常晶体管的 h_{FE} 应为几十至几百倍。共发射极交流电路中，集电极电流和基极输入电流的变化量之比称为共发射极交流放大倍数。β 越小，表明晶体管的放大能力越差，但 β 越大，往往晶体管的工作稳定性越差。

2) 集电极最大允许电流

晶体管的放大倍数在集电极电流过大时也会下降。放大倍数下降到额定值的 2/3 或 1/2 时的集电极电流为集电极最大允许电流。晶体管工作时的集电极电流最好不超过集电极最大允许电流。

3) 集电极最大允许耗散功率

晶体管工作时，集电极电流通过集电结会耗散功率，耗散功率越大，集电结的温升就越高，根据晶体管允许的最高温度，定出集电极最大允许耗散功率。小功率管的集电极最大允许耗散功率在几十至几百毫瓦之间，大功率管却在 1W 以上。

3. 晶体管的检测

首先应对晶体管进行外观检查，查看外观是否完好，结构是否无损，标志是否清晰等。主要介绍用指针式万用表测量晶体管的几种方法。

1) 判断晶体管的管型和引脚

用万用表判断管型和引脚的方法是：将万用表置于 R×1k 挡，用万用表的黑表笔接晶体管的某一引脚(假设它是基极)，用红表笔分别接另外的两个电极。如果表针指示的两个阻值都很小,那么黑表笔所接的引脚便是 NPN 型管的基极;如果表针指示的两个阻值都很大,那么黑表笔所接的那一个引脚便是 PNP 型管的基极。如果表针指示的阻值一个很大,一个很小,那么黑表笔所接的引脚肯定不是晶体管的基极,要换一个引脚再测试。

2) 判断硅管和锗管

利用硅管 PN 结与锗管 PN 结正、反向电阻的差异,可以判断不知型号的晶体管是硅管还是锗管。用万用表的 R×1k 挡,测发射极与基极间和集电极间的正向电阻,硅管在 3～10kΩ 之间,锗管在 500Ω～1kΩ 之间,上述极间的反向电阻,硅管一般大于 500Ω,锗管一般大于 1000kΩ。

3) 测量晶体管的直流放大倍数

将万用表的功能选择旋钮旋至"hFE"挡,一般还需调零,把晶体管的三个电极正确地放到万用表面板上的四个小孔中 PNP(P)或 NPN(N)的 e、b、c 处,这时万用表的指针会向右偏转,在表头内部的刻盘上有 h_{FE} 的指示数,即是晶体管的直流放大倍数。

2.6.3　场效应晶体管

场效应晶体管是一种通过电场效应控制电流的电子器件,属于电压控制型半导体器件,具有输入电阻高、噪声小、功耗低、动态范围大、易于集成、没有二次击穿现象、安全工作区域宽等优点。场效应晶体管有栅极 G、漏极 D 和源极 S 三个电极。

1. 场效应晶体管的分类

场效应晶体管主要分为结型场效应晶体管(JFET)和绝缘栅型场效应晶体管(MOS 管)两大类。按沟道材料型和绝缘栅型各分 N 沟道和 P 沟道两种;按导电方式分为耗尽型与增强型,结型场效应晶体管均为耗尽型,绝缘栅型场效应晶体管既有耗尽型的,也有增强型。场效应晶体管分类及其电路符号如表 2-5 所示。根据不同封装形式分类,场效应晶体管也有直插式和表贴式。

表 2-5　场效应晶体管的分类和电路符号

场效应晶体管(分类、检测)

结型场效应晶体管(JFET)	N沟道	P沟道
绝缘栅型场效应晶体管(MOS 管)	N沟道耗尽型	P沟道耗尽型
	N沟道增强型	P沟道增强型

2. 场效应晶体管的主要性能参数

1) 饱和漏极电流

饱和漏极电流是指当栅极、源极之间的电压等于零，而漏极、源极之间的电压大于夹断电压时，对应的漏极电流，一般指连续工作电流。

2) 跨导

跨导描述栅极、源极电压对漏极电流的控制作用，是漏极电流的微变量与引起这个变化的栅-源电压微变量之比。

3) 击穿电压

漏极、源极击穿电压是指当漏极电流急剧上升时，产生雪崩击穿时的电压。栅极击穿电压是指结型场效应晶体管正常工作时，栅极、源极之间的 PN 结处于反向偏置状态，若电流过高产生击穿现象时的电压。

3. 场效应晶体管的检测

首先应对晶体管进行外观检查，查看外观是否完好，结构是否无损，标志是否清晰等。然后可使用指针式万用表检测。

1) 场效应管的引脚识别

将指针式万用表置于 R×1k 挡，用两表笔分别测量每两个引脚间的正、反向电阻。当某两个引脚间的正、反向电阻相等，均为数千欧时，则这两个引脚为漏极 D 和源极 S(可互换)，余下的一个引脚即栅极 G。对于有 4 个引脚的结型场效应晶体管，另外一极是屏蔽极(使用中接地)。

2) 电阻法检测场效应晶体管的好坏

用万用表测量场效应晶体管的源极与漏极、栅极与源极、栅极与漏极电阻值同场效应晶体管手册标明的电阻值是否相符来判别管子的好坏。具体方法：首先将万用表置于 R×10 或 R×100 挡，测量源极与漏极之间的电阻，通常在几十欧到几千欧范围，如果测得阻值大于正常值，可能是内部接触不良；如果测得阻值为无穷大，可能是内部断路。然后用万用表置于 R×10k 挡，再测栅极与源极、栅极与漏极之间的电阻值，若测得其各项电阻值均为无穷大，则说明场效应晶体管是正常的；若测得上述各阻值太小或为通路，则说明场效应晶体管是坏的。

2.6.4 晶闸管

晶体闸流管简称晶闸管，也称为可控硅整流元件(SCR)，是由四层 PN 型半导体和三个 PN 结构成的一种大功率半导体器件。晶闸管有单向和双向之分，单向晶闸管由阳极 A、阴极 K 和门极(控制端)G 组成；双向晶闸管由门极 G、主电极 T_1 和主电极 T_2 组成。晶闸管电路结构及符号如图 2-17 所示。晶闸管常用于整流、调压、交直流变换、开关、调光等控制电路。晶闸管不仅具有单向导电性，而且还具有可控性，有导通和关断两种状态，但晶闸管一旦导通，控制极则失去作用。

晶闸管(分
类、检测)

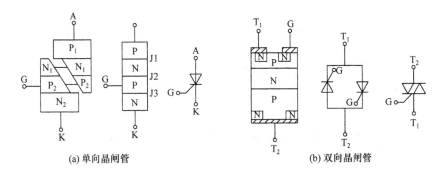

(a) 单向晶闸管　　　　　　　　　　　　　(b) 双向晶闸管

图 2-17　晶闸管结构及电路符号

1. 晶闸管的分类

(1) 按关断、导通及控制方式，晶闸管可分为普通晶闸管、双向晶闸管、逆导晶闸管、门极关断晶闸管(GTO)、BTG 晶闸管、温控晶闸管和光控晶闸管等。

(2) 按引脚和极性，晶闸管可分为二极晶闸管、三极晶闸管和四极晶闸管。

(3) 按封装形式，晶闸管可分为金属封装晶闸管、塑封晶闸管和陶瓷封装晶闸管。

(4) 按关断速度，晶闸管可分为普通晶闸管和高频晶闸管。

(5) 按电流容量，晶闸管可分为大功率晶闸管、中功率晶闸管、小功率晶闸管。其中小功率晶闸管，多采用塑封或陶瓷封装；大功率晶闸管，多采用金属壳等材料封装。晶闸管封装结构如图 2-18 所示。

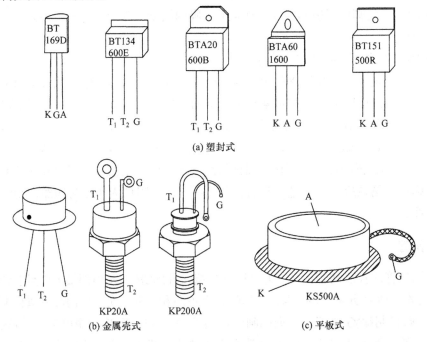

图 2-18　晶闸管实物图及引脚符号

2. 晶闸管的主要性能参数

1) 额定正向平均电流

阳极和阴极之间可连续通过 50Hz 正弦波电流的平均值即为额定正向平均电流。

2) 正、反向阻断峰值电压

正向阻断峰值电压指正向转折电压减去 100V 后的值，反向阻断峰值电压指反向击穿电压减去 100V 后的值。

3) 维持电流

在规定条件下能维持晶闸管导通所必需的最小正向电流为维持电流。

4) 门极触发电压、电流

在规定条件下使晶闸管导通所必需的最小门极直流电压为门极触发电压，此时的最小门极直流电流为门极触发电流。

3. 晶闸管的检测方法

晶闸管的极性和管型的检测方法：使用指针式万用表的 R×1 挡或 R×10 挡，测量任意两个极之间的电阻值。若有一组电阻值为几十欧至几百欧，且反向测量时电阻值较大，则所检测的晶闸管为单向晶闸管，黑表笔所接为门极 G，红表笔所接为阴极 K，另一个引脚为阳极 A；若有一组电阻值正、反向均为几十欧至几百欧，则所检测的晶闸管为双向晶闸管，黑表笔所接为第一阳极 T_1，红表笔所接为门极 G，另一个引脚为第二阳极 T_2。

2.7　集　成　电　路

集成电路是利用半导体技术或薄膜技术将半导体器件、阻容元件以及连线高度集中制成在一块小面积芯片上，再加以封装而成的结构上紧密联系的、具有特定功能的电路。与分立元器件组成的电路相比，集成电路具有体积小、重量轻、性能好、可靠性高、耗电少、成本低、简化设计和减少调整等优点，在电子设备、仪器仪表、各种家用电器中得到了广泛应用。

2.7.1　集成电路的分类

(1) 集成电路的类型很多，按工作性能不同可分为数字集成电路和模拟集成电路，模拟集成电路又可分为线性集成电路、非线性集成电路和功率集成电路。

(2) 按集成度高低可分为中小规模集成电路、中规模集成电路、大规模集成电路、超大规模集成电路。

(3) 按制作工艺不同可分为半导体集成电路、膜集成电路、混合集成电路。

2.7.2　集成电路的封装和引脚识别

集成电路的封装种类繁多，具体应用时需查阅技术手册等相关资料。常用的封装形式有金属圆形(TO-99)、单列直插(SIP)、双列直插(DIP)和小型片状封装(SOP)等集成电路元件。如图 2-19 所示。在辨认管脚时，通用的方法是：面对集成电路背面字母，使定位标记(凹坑、凸点、倒角或缺角、色点或色带等)朝左下方，则处于最左下方的引脚是第 1 脚，然后逆时针方向依次计数 1,2,3,…,n。

集成电路(分类、封装、识别、检测)

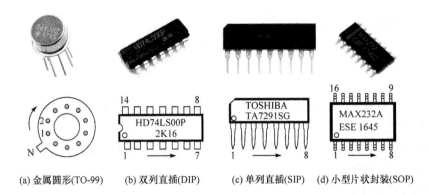

(a) 金属圆形(TO-99)   (b) 双列直插(DIP)   (c) 单列直插(SIP)   (d) 小型片状封装(SOP)

图 2-19   集成电路的封装标记和引脚识别

2.7.3   集成电路的检测方法

集成电路常用的检测方法有在线测量法、非在线测量法和代换法。

(1) 在线测量法是指在路测量各单元电路的电阻、电压和电流是否正常，判断该集成电路是否损坏。

(2) 非在线测量法是指通过在线测量后，由于电路的参数发生变化，可能因集成电路内部短路或者是工作异常而导致电路异常时，需通过取下集成电路，再次判断各引脚之间的电阻、电压和电流关系，以确定其是否正常。

(3) 代换法是用已知完好的同型号、同规格集成电路来代换被测集成电路，可以判断出该集成电路是否损坏。

除此之外，集成电路的检测也可借助集成电路测试仪来实现。

2.8   其他常用元器件

2.8.1   电声器件

电声器件是将电信号转换为声音信号或将声音信号转换成音频信号的换能器件，它是利用电磁感应、静电感应或压电效应等来完成电声转换，包括扬声器、传声器、耳机等。

1. 扬声器

扬声器是一种将音频电信号转换为声音信号的元器件，电路符号及结构如图 2-20 所示，常见的扬声器有电动扬声器和球顶扬声器两种。目前使用最为广泛的是电动式扬声器，它由振动膜、音圈、永久磁铁和支架等组成。

电声器件(扬声器、传声器分类、检测)

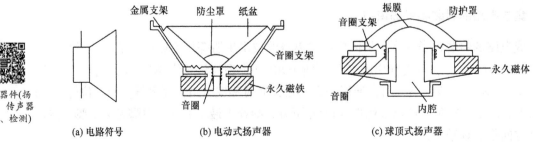

(a) 电路符号   (b) 电动式扬声器   (c) 球顶式扬声器

图 2-20   扬声器的电路符号及结构

　　电动扬声器由纸盆、音圈、音圈支架、永久磁铁、金属支架和防尘罩等组成，当音圈通入音频电流时，音圈在电流的作用下产生交变磁场，永久磁铁同时产生一个大小和方向不变的恒定磁场，交变磁场与永久磁铁产生的磁场发生相吸或相斥作用，导致音圈产生机械运动并带动纸盆振动发出声音。

　　球顶式扬声器主要用于高音扬声器，由振膜、音圈、音圈支架、永久磁铁和防护罩等组成，由于工作频率很高，在放高音时振膜会在永久磁铁的磁路气隙中高速运动，这就要求振膜能够对瞬变的高频信号迅速反应，且能够承受高速运动而产生的空气压力，因此对于振膜的制作材料要求质量要轻，并要有足够的强度。

　　扬声器的检测方法：将万用表打在 R×1 挡，然后用两表笔去触碰喇叭的两接线柱，然后观察测量阻值和喇叭的发声。触碰时正常情况下喇叭会发出响亮的"咔嚓"声，而且有一定的阻值，阻值比喇叭的阻抗值小一些；触碰时如果喇叭无发声，而且阻值无穷大，说明喇叭内部的线圈开路；触碰时如果喇叭有发声，但音很小，阻值基本正常，说明喇叭内部可能碰圈卡死或线圈内部有短路的地方。

　　2. 传声器

　　传声器是一种将声音信号转换成音频电信号的元器件，简称话筒。常见的有动圈式、电容式、驻极体几种，最近几年也发展了一些新兴的硅微传声器、液体传声器和激光传声器。常用的动圈式传声器和驻极体传声器内部结构与组成如图 2-21 所示。

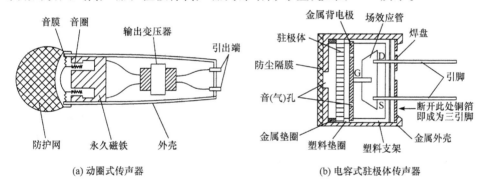

(a) 动圈式传声器　　　　　　　　(b) 电容式驻极体传声器

图 2-21　传声器内部结构与组成

　　(1) 动圈式话筒的检测方法：将万用表拨到 R×100 挡，测量输出变压器的初次级线圈和音圈线圈，先用两表笔断续碰触话筒的两个引脚，话筒应发出清楚的"咔咔"声。如果无声，则说明话筒有故障，应该对话筒的各个线圈做进一步的检查。

　　测量输出变压器的次级线圈，可以直接用两表笔测量话筒的两个引出端，若有一定阻值，说明该次级线圈是好的，需要检查输出变压器的初级线圈和音圈线圈的通断，拆开话筒，将输出变压器的初级线圈和音圈绕组断开，再分别测量输出变压器的初级线圈和音圈线圈的通断。

　　(2) 驻极体式话筒检测方法：在场效应管的栅极和源极间有一只二极管，可利用二极管的正反电阻特性判断驻极体话筒的漏极和源极。将驻极体话筒加上正常的偏置电压，将万用表拨到 R×100 挡，用两表笔分别接两芯线，比较万用表指针两次测量结果，显示阻值较小的一次，黑表笔接触的为源极，红表笔为漏极，然后对话筒吹气，如果指针有一定幅度的摆动，说明驻极体话筒完好，如果无反应，则该话筒漏电。如果直接测试话筒引线无电阻，说明话筒内部开路；阻值为零，则话筒内部短路。

2.8.2　显示器件

显示器是电子计算机最重要的终端输出设备，是人机对话的窗口。显示器由电路部分和显示器件组成，采用的各种显示器件决定了显示器的电路结构，也决定了显示器的性能指标。指示或显示器件主要分为机械式指示装置和电子显示器件。传统的电压或电流表头就是一个典型的指示器件，它广泛用于稳压电源、万用表等仪器上。随着电子仪器的智能化水平提高，电子显示器件的使用日益广泛，主要有发光二极管、数码管、液晶显示器和荧光屏等。

1. 发光二极管

发光二极管与普通二极管一样具有单向导电性，当通过一定电流时发光。发光二极管可分为单色、双色和 RGB 等几种，实物图如图 2-22 所示。又可分为普通和超亮两种，体积大小也有多种类型。

显示器件
(分类介绍)

　　　(a) 单色发光　　　　　(b) RGB插针式　　　　　(c) RGB贴片式

图 2-22　发光二极管

发光二极管的检测方法：

(1) 用数字万用表检测时，把量程开关拨到二极管挡上，用这个挡位测 LED 的正向压降，之后用红表笔接二极管正极，黑表笔接二极管负极，此时二极管正常会有微亮，数字万用表会显示正向导通数据。然后两表笔对调测量反向压降，正常应显示过量程"1"，如果正反向压降都很小或者为零，表明发光二极管已损坏，应予以更换。

(2) 用指针万用表检测时，把量程开关拨到 R×10kΩ 挡上，以大致判断发光二极管的好坏。正常时，二极管正向电阻阻值为几十至 200kΩ，反向电阻的值为∞。如果正向电阻值为 0 或为∞，反向电阻值很小或为 0，则已损坏。这种检测方法，不能实质地看到发光管的发光情况，因为 R×10kΩ 挡不能向 LED 提供较大正向电流。如果有两块指针万用表(最好同型号)可以较好地检查发光二极管的发光情况。

2. LED 数码管

将若干个发光二极管按照一定图形组织在一起的显示器件就是 LED 数码管。当发光二极管导通时，相应的一个点或一个笔画发亮。控制不同组合的二极管导通，就能显示出各种不同的字符。常用七段数码显示管的结构和内部电路如图 2-23 所示。发光二极管的阴极连在一起的称为共阴极显示器，阳极连在一起的称为共阳极显示器。这种笔画式的七段显示器，能显示的字符数量较少，但控制简单、使用方便。

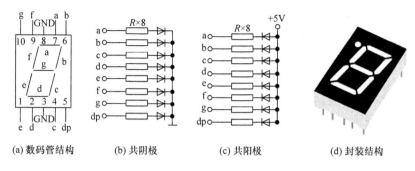

(a) 数码管结构　　(b) 共阴极　　(c) 共阳极　　(d) 封装结构

图 2-23　LED 数码管结构和内部电路

　　LED 数码管的检测方法与发光二极管相同。通常控制发光二极管的 8 位段代码能显示 0～9 的一系列可变数字，只要点亮内部相应的段即可。共阳极与共阴极的段选码互为补数，二者之和为 FFH。点亮显示器有静态和动态两种方法。

　　静态显示就是当显示器显示某一个字符时，相应的发光二极管恒定地导通或截止。例如七段显示器的 a、b、c、d、e、f 导通，g 截止，显示 0。这种显示方式每一位都需要一个 8 位输出口控制。

　　动态显示就是脉冲驱动轮流点亮各位显示器。对于每一位显示器来说，每隔一段时间点亮一次。显示器的亮度既与导通电流有关，也和点亮时间与间隔时间的比例有关。调整电流和时间参数，可实现亮度较高较稳定的显示。

　　3. 新型 TFT 显示器件

　　液晶显示器是一种借助于薄膜晶体管(TFT)驱动的有源矩阵液晶显示器件，主要是以电流刺激液晶分子产生点、线、面配合背部灯管构成画面。液晶面板由玻璃基板、偏振膜、彩色滤光片、黑色矩阵、液晶层、显示电极、棱镜层等组成。

　　目前生产的 IPS、TFT、SLCD 都属于 LCD 的子类，派生出的 TFT-LCD 和 AMOLED 新型显示器件已经发展到了第 11 代基板生产线。而新型柔性显示屏则使用了 PHOLED 磷光性 OLED 技术，使生产的显示屏具有低功耗、体积小、直接可视柔性的特点，更加适用于柔性电子产品的应用。液晶显示屏模块如图 2-24 所示。

(a) TFT显示屏　　(b) 柔性OLED屏　　(c) 柔性通信设备

图 2-24　液晶显示屏模块

总结与思考

　　本章主要从类别、主要性能参数、检测方法等方面讲解了常用电子元器件(电阻器、电位器、电容器、电感器、变压器、半导体分立器件、集成电路、电声器件和显示器件等)的识别和检测。

请思考以下几个问题。

(1) 电阻器和电位器有何异同点?

(2) 电容器的检测方法有哪些?

(3) 二极管的主要性能参数有哪些?

(4) PNP 型和 NPN 型晶体管的结构分别是怎样的?

(5) 常用的集成电路封装、引脚识别方法及特点是什么?

第3章　常用测试仪器仪表的使用

3.1　数字万用表

万用表又称多用表，可以用来测量电压、电流、电阻、电容等常用电参数以及三极管、二极管和电路通断测试等，是一种多功能、多量程的便携式仪表，主要用于物理、电气、电子等测量领域。常用的万用表主要有模拟式(指针式)万用表和数字式万用表。数字万用表是目前最常用的一种数字仪表，其主要特点是准确度高、分辨率强、测试功能完善、测量速度快、显示直观、过滤能力强、耗电省、便于携带。

数字万用表的显示位数通常为三位半到八位半，位数越多，一般代表测量精度越高，价格也越高。所谓"N 位半"，指可以显示 N 个完整位(0~9)，而其最高位只能显示 0 或 1，所以称为半位。目前常用的数字万用表有三位半和四位半两种，其位数一般以"3½"和"4½"的形式来表示，其中三位半数字万用表可以显示–1999~+1999，四位半则可以显示–19999~+19999。

3.1.1　数字万用表的结构和工作原理

数字万用表的基本结构如图 3-1 所示，主要由功能选择旋钮、测量电路以及数字式电压基本表三部分组成。功能选择旋钮用来选择各种不同的测量线路，选择被测电量的种类和量程(或倍率)，以满足不同种类和不同量程的测量要求。功能选择旋钮一般是一个圆形拨盘，在其周围分别标有功能和量程；测量电路用来将不同性质和大小的被测量转换为表头所能接受的直流电压，由电阻、半导体元件及电池组成，它将各种不同的被测量(如电流、电压、电阻等)、不同的量程经过一系列的处理(如整流、分流、分压等)，统一变成一定量

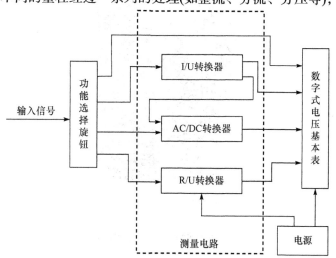

图 3-1　数字万用表的基本结构

限的微小直流电压送入数字式电压基本表进行测量；数字式电压基本表的任务是用 A/D 转换器把被测的电压模拟量转换成数字量，并送入计数器中，再通过译码器变换成 LCD 段码信息，最后驱动显示器显示出相应的数值。

数字万用表的基本工作原理是：转换电路将被测量转换成直流电压信号，再由 A/D 转换器将电压模拟量转换成数字量，然后通过电子计数器计数，最后把测量结果以数字形式直接显示在显示屏上。电压、电流和电阻功能通过转换电路实现，电流、电阻的测量都是基于电压的测量，也就是说数字万用表是在数字直流电压表的基础上扩展而成的。为了能够测量交流电压、电流、电阻、电容、二极管正向压降、晶体管放大倍数等电量，必须增加相应的转换器，将被测电量转换成直流电压信号，再由 A/D 转换器转换成数字信号，并以数字形式显示出来。

3.1.2　数字万用表的使用方法

1. DT9505 数字万用表的面板及特点

DT9505 数字万用表是一种操作方便、读数精确、功能齐全、体积小巧、携带方便的手持式数字万用表。可用来测量直流电压/电流、交流电压/电流、电阻、电容、频率、温度、二极管正向压降、晶体三极管参数及电路通断等。图 3-2 为 DT9505 的面板，主要由液晶显示屏、功能选择旋钮、电压电阻测试插孔、电容测试插孔、电流测试插孔、三极管测试插孔以及公共测试插孔组成。

数字万用
表的使用

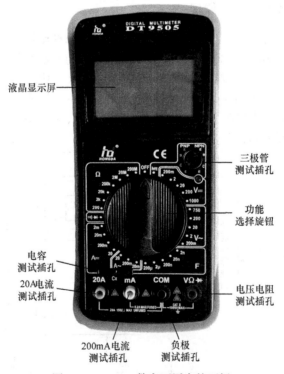

图 3-2　DT9505 数字万用表的面板

2. DT9505 数字万用表的使用

DT9505 数字万用表在设计上符合 IEC1010 条款(国际电工委员会颁布的安全标准)，在进行测量之前，应先检查电池和熔断器是否安装完好，并认真检查表笔及导线的绝缘是否良好，以避免电击；还要特别注意表笔的位置是否插对，测量电路是否正确连接；在进行测量时，要注意功能选择旋钮是否置于相应的挡位上；请勿输入超过规定的极限值，以防电击和损坏仪表；在测量高于 60V 直流、40V 交流电压时，应小心谨慎，防止触电。

下面以电压测量、电流测量、电阻测量、电容测量、三极管和二极管测试以及通断测试为例，介绍数字万用表 DT9505 的基本使用方法及注意事项。

1) 电压测量

(1) 将黑表笔插入"COM"插孔，红表笔插入电压电阻测试插孔("VΩ➤+"插孔)。

(2) 根据待测电压的性质，将功能选择旋钮旋至"V═"(直流电压)或"V～"(交流电压)量程范围，将测试表笔并接到被测负载或信号源上，在显示电压读数时，同时会指示出红表笔的极性。

测量电压时，还应该注意：①在测量前，未知被测电压的范围时，应将功能选择旋钮旋至最高挡逐步调低；②当只显示最高位"1"时，说明已超过量程，需调高一挡，调挡时应停止测试；③不要测量高于 1000V 的直流电压和高于 750V 有效值的交流电压，虽然可能读取读数，但可能损坏内部电路；④在测量高电压时，避免接触到超高压电路。

2) 电流测量

(1) 将黑色表笔插入"COM"插孔，当被测电流在 200mA 以下时，红表笔插入"mA"插孔；当被测电流在 200mA～20A 范围内，将红表笔插入"20A"插孔。

(2) 根据待测电流的性质，将功能选择旋钮旋至"A═"(直流电流)或"A～"(交流电流)量程范围，将测试表笔串入被测电路中，在显示电流读数时，同时会指示出红表笔的极性。

测量电流时，还应该注意：①在测量电流时应把数字万用表串联到被测电路中，表笔的极性可以不考虑；②"20A"插孔没有用保险丝，测量时间应小于 10s，两次测量间隔 15min 以上；③在测量之前，未知被测电流的范围时，应将功能选择旋钮旋至最高挡逐步调低；④当只显示最高位"1"时，说明已超过量程，需调高一挡，调挡时应停止测试；⑤在测量较大电流的过程中，不能拨动功能选择旋钮，以免造成旋钮的损坏；⑥因为功能选择旋钮在转动过程中要产生电弧，如果被测电流源的内阻很低，为提高测量准确度，应选择量程较大的挡位。

3) 电阻测量

(1) 将黑表笔插入"COM"插孔，红表笔插入电压电阻测试插孔("VΩ➤+"插孔)。

(2) 将功能选择旋钮旋至所需 Ω 量程范围，将测试表笔跨接在被测电阻两端，读取显示屏上的电阻值。

测量电阻时，还应该注意：①当输入开路时，会显示已超过量程范围的状态，仅显示最高位"1"；②当被测电阻在 1MΩ 以上时，需数秒后才能稳定读数；③测量在线电阻时，要确认被测电路所有电源已关断及所有电容都已经完全放电时，才可进行；④测量高阻值电阻时，应尽可能将电阻值插入"VΩ➤+"和"COM"插孔，长线在高阻测量时容易感应干扰信号，使读数不稳定。

4) 电容测量

(1) 将功能选择旋钮旋至所需"CX"，接上电容器前，显示器可以缓慢地自动校零。

(2) 将测量电容连接到电容输入插孔"CX"，读取显示屏上的电容值。

测量电容时，还应该注意：①严禁在测量电容或电容未移开"CX"插座时，同时在"VΩ→▶├"端输入电压或电流信号；②测试单个电容时，把电容引脚插进位于面板左下方的两个扁插孔中，插入之前电容务必放完电，以防止损坏仪表，测试大电容所需的时间会长一些；③要把一个外部已接电压或已充好电的电容器(特别是大电容器)连接到测试端；④在测试大电容时，应先用电压挡测量电容器是否带电，待确定无充电电压后，再开始测试电容值。

5) 晶体三极管参数测试

(1) 将功能选择旋钮旋至"hFE"挡。

(2) 先认定晶体三极管是 PNP 型还是 NPN 型，然后再将被测管发射极、基极、集电极三脚分别插入面板对应的晶体三极管插孔内。

(3) 读取显示屏上的数值。万用表显示的是 h_{FE} 近似值，测试条件为基极电流约 10μA，集电极与发射极间电压约 2.8V。

6) 二极管通断测试

(1) 将黑表笔插入"COM"插孔，红表笔插入"VΩ→▶├"插孔(红表笔为内电路"+"极)。

(2) 将功能选择旋钮旋至"○))→▶├"挡，将测试笔跨接在被测二极管上。

测试二极管通断时，应该注意：①请勿在"○))→▶├"挡输入电压；②在使用二极管挡时，显示屏所显示的值是二极管的正向压降 V_F；③在正常情况下，硅二极管的正向压降 V_F 为 0.5～0.7V，锗二极管的正向压降 V_F 为 0.15～0.3V，根据这一特点可以判断被测二极管的种类；④当二极管正向连接时，显示值为被测二极管的正向压降伏特值，当二极管反接时，显示已超过量程范围状态，利用该方法可以判断二极管的好坏及其极性；⑤当输入端未接入时(即开路时)，显示值为已超过量程范围状态；⑥由于万用表内部电路结构，通过被测器件的电流为 1mA 左右，因此二极管挡适合测量小功率二极管，在测量大功率二极管时，其读数明显低于典型工作值；⑦若被检查两点之间的电阻值小于约 30Ω，蜂鸣器会发出声音。

3.2　数字示波器

示波器是一种将人眼无法直接观测的交变电信号转换成图像，显示在屏幕上以便测量的电子测量仪器，可方便人们研究各种电信号的变化过程，并且根据信号的波形可以对电信号的多种参量进行测量，如信号的电压幅度、周期、频率、相位差、脉冲宽度等。

示波器可分为模拟示波器和数字示波器。模拟示波器采用的是模拟电路，它以连续方式将被测信号显示出来。数字示波器是一种由数字、计算机、信号处理、液晶显示和总线等多种新技术和新器件构成的新型波形采集和显示仪器，它首先将被测信号抽样和量化，变为二进制信号存储起来，再从存储器中取出信号的离散值，通过算法将离散的被测信号以连续的形式在屏幕上显示出来。与传统的模拟示波器相比，数字示波器具有使用调整容易，测量精度高，显示直观，可以测量瞬变信号，能够存储、打印、传输等优点，已经发展成为主流仪器。

3.2.1　数字示波器的工作原理

1. 示波器的基本结构

常用示波器的结构示意框图如图 3-3 所示，主要由示波管、Y 轴偏转系统、X 轴偏转系统、扫描及同步系统及电源五部分组成。它的工作原理为：被测信号由 Y 轴输入端送至垂直系统，经内部 Y 轴放大电路放大后加至示波管的垂直偏转板，控制光点在荧光屏垂直方向上移动；水平系统中扫描信号发生器产生锯齿波电压(亦称时基信号)，经放大后加至示波管的水平偏转板，控制光点在荧光屏水平方向上匀速运动。垂直系统与水平系统二者合成，光点便在荧光屏上描绘出被测电压随时间变化的规律，即为被测电压波形。

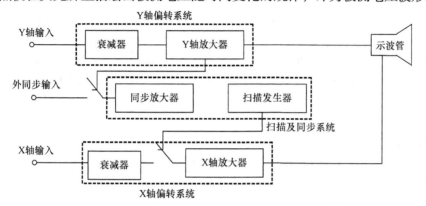

数字示波器
介绍(结构、
原理)

图 3-3　示波器的组成

2. 波形显示原理

示波器显示波形的原理如图 3-4 所示。在垂直偏转板上(Y 方向)加上一个周期性变化的电压，

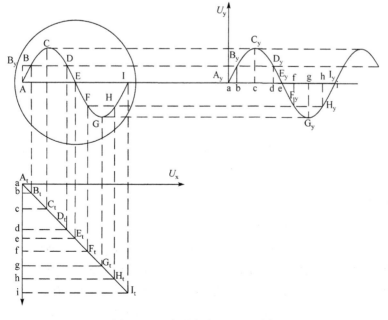

图 3-4　示波器波形显示原理图

则可以在荧光屏上看到一条竖直亮线；若此时在水平偏转板上(X 方向)加上一个扫描电压(该电压为锯齿波电压，即电压随时间线形增大到一定值，突然回到最小，然后又开始增大，如此反复)，当 X、Y 方向上所加的电压周期一致时，在荧光屏上将显示与 Y 方向上所加信号一样的完整波形。可见荧光屏上看到的波形其实是两个相互垂直的运动合成的轨迹，电子束受 U_y 的作用向上偏转，同时受到 U_x 的作用向右偏转，即 U_y 决定了亮点的 y 坐标，U_x 决定了亮点的 x 坐标。

3. 李沙育图形

当两个相互垂直、频率不同的简谐信号合成时，合振动的轨迹与分振动的频率、初相位有关。当两个分振动的频率成简单整数比时，将合成稳定的封闭轨道，称为李沙育(Lissajous)图形，如图 3-5 所示。用李沙育图形可以由一已知的频率测出另一未知的频率，或可以测出两个振动波形的相位差。

采用示波器测量未知频率的方法是：将已知频率 f_x 加到示波器的 X 轴输入，将未知频率 f_y 加到 Y 轴输入，如果 f_x / f_y 的值是整数，将在显示屏上得到一个稳定的李沙育图形，若该图形在 X 轴上有 N_x 个交点，在 Y 轴上有 N_y 个交点，则有

$$N_x f_x = N_y f_y \tag{3-1}$$

从而得到未知频率 f_y 为

$$f_y = \frac{N_x f_x}{N_y} \tag{3-2}$$

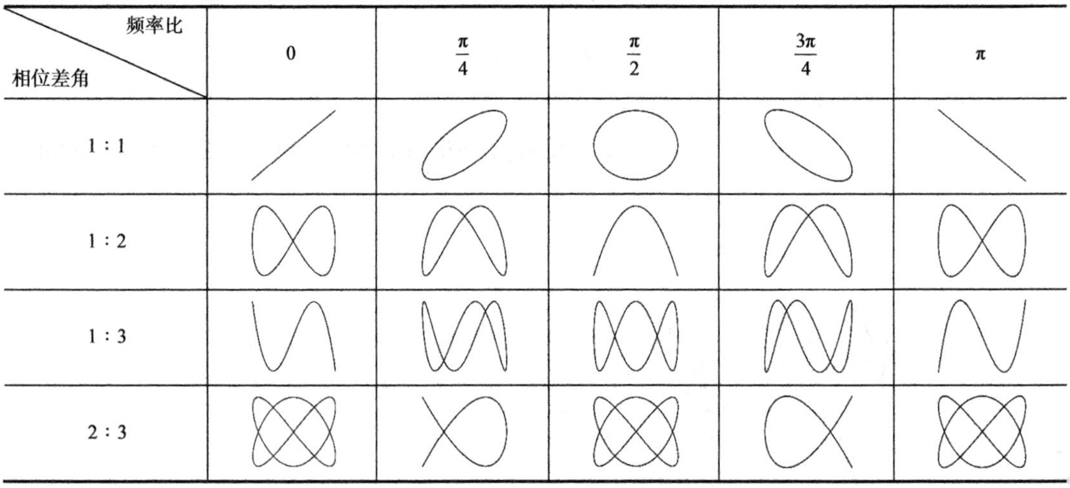

频率比 相位差角	0	$\frac{\pi}{4}$	$\frac{\pi}{2}$	$\frac{3\pi}{4}$	π
1:1					
1:2					
1:3					
2:3					

图 3-5　李沙育图形

3.2.2　数字示波器的使用方法

1. UTD2152CEX 数字示波器的面板及特点

UTD2152CEX 数字示波器是一台小型、轻便的台式数字存储示波器。高达 1GS/s 的实时采样速率使示波器能够观察更快的信号，并能够更快地完成测量任务；强大的触发和分析能力使示波器易于捕捉和分析波形。图 3-6 为 UTD2152CEX 的前面板，包含三个主要的区域，分别为垂直区、水平区和触发区。显示屏右侧的一列 5 个按键为菜单操作键(自上而下定义为 F1 键至 F5 键)，其他按键为功能键。

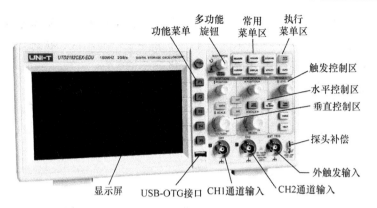

数字示波
器的使用

图 3-6　UTD2152CEX 数字示波器的前面板

(1) 垂直控制：在垂直控制区有两个旋钮、三个按键。垂直"POSITION"旋钮控制信号的垂直显示位置，垂直标度旋钮"SCALE"改变"VOLTS/DIV"(伏/格)垂直挡位；"CH1"、"CH2"按键选择显示通道，"MATH"按键显示 CH1、CH2 通道波形相加、相减、相乘以及 FFT(傅里叶变换)运算的结果。

(2) 水平控制：在水平控制区有两个旋钮、一个按键。水平"POSITION"旋钮调整信号在波形窗口的水平位置，水平"SCALE"旋钮改变"SEC / DIV"(秒/格)时基挡位；"HORI MENU"按键可以显示"Zoom"菜单，在此菜单下可以开启视频扩展，还可以设置触发释抑时间。

(3) 触发控制：在触发菜单控制区有一个旋钮、三个按键。触发电平旋钮"LEVEL"改变触发电平；"TRIGGER MENU"按键改变触发设置；"SET TO ZERO"按键，设定触发电平在触发信号幅值的垂直中点；"FORCE"按键强制产生一触发信号，主要用于正常和单次触发模式。

(4) 常用菜单：包括"MEASURE"(测量)、"ACQUIRE"(采样)、"STORAGE"(存储)、"CURSOR"(光标)、"DISPLAY"(显示)、"UTILITY"(辅助)等功能按键。

(5) 运行控制区的"RUN/STOP"按键使波形采样在运行和停止间切换；"AUTO"按键能自动根据波形的幅度和频率调整垂直偏转系数和水平时基挡位，并使波形稳定地显示在屏幕上。

示波器的界面显示如图 3-7 所示，主要包括波形显示区和状态显示区。波形显示区用

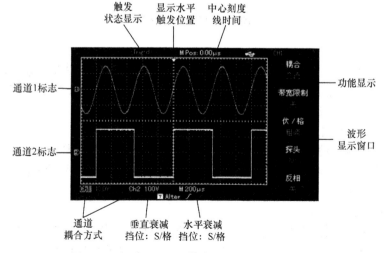

图 3-7　UTD2152CEX 数字示波器的界面显示图

于显示信号波形、测量数据、水平位移、触发电平等，位移值和触发电平在转动旋钮时显示，停止转动 5s 后则消失；状态显示区分上、下和左三个显示区，状态显示区显示的标志位置及数值随面板相应按钮和旋钮的操作而变化。

2. UTD2152CEX 数字示波器的使用方法

UTD2152CEX 数字示波器通过前面板按钮可以对波形参数进行调整，通过菜单按键可以设置当前菜单的不同选项，通过功能按键可以进入不同的功能菜单或直接获得特定的功能应用。

使用时有以下几点需要注意。

1) 信号输入方法(以 CH1 通道为例)

(1) 将示波器探头连接到 CH1 输入端，调整探头上的衰减系数。探头衰减系数指的是探头使信号幅度下降的程度，它改变仪器的垂直挡位比例，因此直接关系着测量结果的正确与否。测试之前，必须使探头上设定的衰减系数与输入通道"探头"菜单的衰减系数一致。一般地，大的衰减系数(10×)适合测量幅值较大的信号，而对于幅值很小的信号则应无衰减接入示波器，即探头衰减系数选择 1×。

(2) 显示校正方波。把探头的探针和接地夹连接到探头补偿信号的相应连接端上，设置探头衰减系数与 CH1 衰减系数为 10×；按"AUTO"按键，几秒钟内，可见到方波显示(1kHz，约 3V 峰峰值)。

(3) 设置探头补偿。由于示波器与探头接口处寄生电容的存在，使得示波器测量信号的带宽受到了限制。为了改善示波器的高频响应，探头上都有相应的匹配电路，最典型的就是 RC 并联网络，这个电容就是探头补偿需要调整的补偿电容。当补偿电容满足一定的条件时，就会使信号无畸变地显示出来。判断补偿设置是否正确的具体做法是：观察示波器显示的方波信号，如果显示波形如图 3-8 (a)"补偿过度"或图 3-8 (c)"补偿不足"，用非金属手柄的改锥调整探头上的补偿电容，直到显示的波形如图 3-8 (b)"补偿正确"。

(a) 补偿过度　　　　　　　(b) 补偿正确　　　　　　　(c) 补偿不足

图 3-8　探头补偿校正

2) 信号的快速显示

为了加速调整，便于测量，接入信号后可直接按"AUTO"按键，数字存储示波器将自动设置垂直偏转系数、扫描时基以及触发方式。如果需要进一步仔细观察，在自动设置完成后可再进行调整，直至使波形显示达到需要的最佳效果。

3) 数字示波器的测量功能

除测量信号的基本波形参数外，数字示波器还可以测量信号的时间延迟、捕捉单次信号、通过设置触发方式和采样方式降低信号噪声、通过 X-Y 功能测试信号的相位差、应用光标测量等多种功能，具体使用方法将在下面的测试实例中介绍。

4) 数字示波器的操作

(1) 示波器的所有操作只对当前选定(打开)通道有效。按"CH1"或"CH2"按键即可选定相应通道，此时状态栏的通道标志变为黑底；再次按通道按键当前选定通道关闭。

(2) 数字示波器的操作方法类似于计算机，其操作分为三个层次。第一层：按下前面板上的功能按键，进入不同的功能菜单或直接获得特定的功能应用；第二层：通过五个菜单操作按键选定屏幕右侧对应的功能项目或打开子菜单；第三层：通过"多功能旋钮"选择下拉菜单。

3. UTD2152CEX 数字示波器测量信号实例

1) 简单信号的测量，观测电路中未知信号的电压参数和时间参数

电压参数和时间参数的自动测量是示波器使用中最常用的功能。

数字示波器 UTD2152CEX 可以自动测量的电压参数主要包括峰峰值、最大值、最小值、平均值、均方根值、顶端值及底端值。图 3-9 表述了部分电压参数的物理意义。

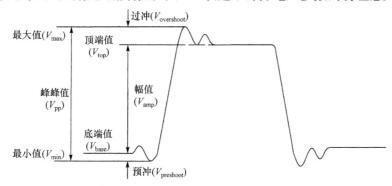

图 3-9　电压参数及其物理意义

(1) 峰峰值(V_{pp})：波形最高点波峰至最低点的电压值。

(2) 最大值(V_{max})：波形最高点至 GND(地)的电压值。

(3) 最小值(V_{min})：波形最低点至 GND(地)的电压值。

(4) 幅值(V_{amp})：波形顶端至底端的电压值。

(5) 顶端值(V_{top})：波形平顶至 GND(地)的电压值。

(6) 底端值(V_{base})：波形平底至 GND(地)的电压值。

(7) 过冲($V_{overshoot}$)：波形最大值与顶端值之差与幅值的比值。

(8) 预冲($V_{preshoot}$)：波形最小值与底端值之差与幅值的比值。

在自动测量的时间参数中，除了信号的频率和周期外，还增加了上升时间、下降时间、正脉宽、负脉宽、延迟(9 种组合)、正占空比及负占空比等参数。图 3-10 表述了部分时间参数的物理意义。

(1) 上升时间(Rise time)：波形幅度从 10%上升至 90%所经历的时间。

(2) 下降时间(Fall time)：波形幅度从 90%下降至 10%所经历的时间。

(3) 正脉宽(+Width)：正脉冲在 50%幅度时的脉冲宽度。

(4) 负脉宽(−Width)：负脉冲在 50%幅度时的脉冲宽度。

下面以显示测量信号的频率和峰峰值为例介绍示波器的具体操作方法。

(1) 将探头菜单衰减系数设定为 10×，并将探头上的开关设定为 10×。

(2) 将通道 1 的探头连接到电路被测点。

(3) 按"AUTO"按键，自动显示被测波形，并进一步调节垂直、水平挡位，直至波形

的显示符合测试要求。

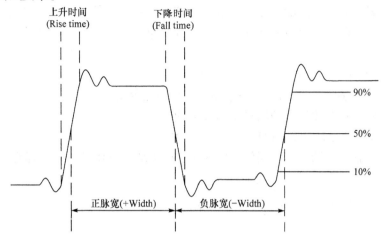

图 3-10　时间参数及其物理意义

(4) 按"MEASURE"按键显示自动测量菜单。

(5) 按"F1"按键进入测量菜单种类选择；按"F3"按键选择电压类；按"F5"按键进入下页，再按"F3"按键选择测量类型"峰峰值"。

(6) 按"F2"按键进入测量菜单种类选择；按"F4"按键选择时间类；按"F2"按键选择测量类型"频率"。

(7) 此时，峰峰值和频率值分别显示在"F1"和"F2"按键的位置。

2) 减少信号上的随机噪声

如果被测试的信号叠加了随机噪声，可以通过调整数字存储示波器的设置，滤除或减小噪声，避免其在测量中对本体信号的干扰。

(1) 首先设置探头和通道衰减系数，连接信号。

(2) 按"AUTO"按键，使波形在示波器上稳定的显示。

(3) 通过设置触发耦合改善触发：按触发区域"MENU"按键，显示触发设置菜单；触发耦合置于"低频抑制"或"高频抑制"，可以分别滤除低频或高频噪声，以得到稳定的触发。

(4) 通过设置采样方式减小显示噪声。按"ACQUIRE"按键，弹出采样设置菜单；按"F1"按键设置获取方式为"平均"，然后按"F2"按键设置平均次数，依次从 2 到 256 以 2 的倍数步进，直至显示满足要求的波形。图 3-11 为未采用平均方式和采用 32 次平均方式时，采样波形的变化。

3) 测试两通道信号的相位差

采用数字示波器的 X-Y 功能，可以测量信号经电路后产生的相位变化，具体做法如下。

(1) 将探头菜单衰减系数设定为 10×，并将探头上的开关设定为 10×。

(2) 将"CH1"探头接至电路输入，"CH2"探头接至电路输出，并按"CH1"、"CH2"按键，打开两个通道。

(3) 按"AUTO"按键，调整"垂直标度旋钮"使两路信号显示的幅值大致相等。

(4) 按"DISPLAY"按键，调出显示控制菜单，按"F2"按键选择 X-Y，数字示波器以李沙育图形形式显示该电路的输入输出特性。

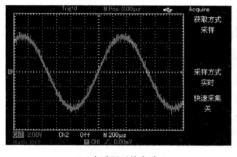 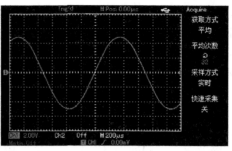

(a) 未采用平均方式　　　　　　　　　　(b) 采用32次平均方式

图 3-11　设置采样方式后波形的变化

(5) 调整垂直标度和垂直位置旋钮使波形达到最佳效果，应用椭圆示波图形法观测并计算出相位差，如图 3-12 所示。

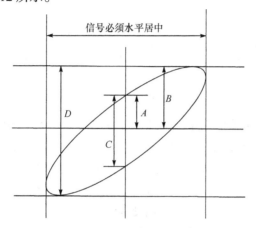

图 3-12　椭圆示波图形法示意图

根据 $\sin\theta = A/B$ 或 C/D，其中，θ 为通道间的相差角，A、B、C、D 的定义如图 3-12 所示，因此可得到相差角

$$\theta = \pm\arcsin(A/B) \text{ 或 } \theta = \pm\arcsin(C/D) \tag{3-3}$$

如果椭圆的主轴在 Ⅰ、Ⅲ 象限内，那么所求得的相位差角应在 Ⅰ、Ⅳ 象限内，即在 $(0 \sim \pi/2)$ 或 $(3\pi/2 \sim 2\pi)$ 内。如果椭圆的主轴在 Ⅱ、Ⅳ 象限内，那么所求得的相位差角在 Ⅱ、Ⅲ 象限，即在 $(\pi/2 \sim \pi)$ 或 $(\pi \sim 3\pi/2)$。

另外，如果两个被测信号的频率或相位差为整数倍，根据李沙育图形可以推算出两信号之间频率和相位的关系。

3.3　信号发生器

信号发生器是最常用的电子仪器设备之一，是一种电信号源，能产生各种波形信号(如正弦波、方波等)，其频率、幅度和调制特性可以在规定限度内设置为固定值或可变值。这类仪器除供通信、仪表和自动控制系统测试用，还广泛用于其他非电量测量领域。

信号发生器有模拟式和数字式两大类。传统的信号发生器以模拟式为主，新型的信号发生器则以 DDS(direct digital synthesis)芯片技术为基础的数字式为主。与传统的模拟式信号发生器相比，新型的数字式信号发生器具有波形丰富、波形切换方便、频带宽、可程控、参数调整方便等优点。目前，以 DDS 为基础的数字式信号发生器一般都具有函数信号产生、任意波形产生和信号还原等功能。

3.3.1 信号发生器的基本原理

信号发生器一般可用图 3-13 所示的框图描述。振荡器是信号发生器的核心部分，由它产生不同频率、不同波形的信号；变换器用来完成对主振信号进行放大、整形及调制等工作；输出级的基本功能是调节输出信号的电平和输出阻抗，可以是衰减器、匹配变压器和射极跟随器等；指示器用以监测和显示输出信号的电平、频率及调制度等；电源为仪器各个部分提供所需的工作电压。

信号发生器(原理)

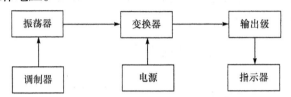

图 3-13　信号发生器的基本组成

DDS 数字式信号发生器的基本结构如图 3-14 所示，主要由相位累加器、波形存储器、数模转换器(DAC)、低通滤波器(LPF)组成。它的工作原理是：在外部信号控制下，频率控制字 K 锁存于 N-bits 字寄存器内，在时钟脉冲 f_c 到来时，控制字 K 与相位累加器内容进行模 2^N 加，得到 N 位正弦波相位值，再将 N 位的相位码截去低 B 位，用高 M 位($M=N-B$)作为地址对 ROM 寻址，输出 S 位的信号波形幅度。随后，由 DAC 将信号波形幅度的数字序列转化为模拟电压，最后由 LPF 输出模拟的正弦波形。

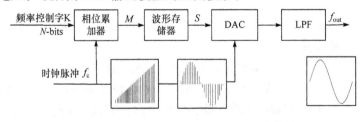

图 3-14　DDS 数字式信号发生器的基本结构

3.3.2 信号发生器的使用方法

1. UTG7122B 函数/任意波形发生器的面板及特点

UTG7000B 系列函数/任意波形发生器使用 DDS 直接数字频率合成技术，可生成高精度、低失真度和稳定的信号，还能提供高频率且具有快速上升沿和下降沿的方波，是一款经济型、高性能、多功能的双通道函数/任意波形发生器。

UTG7122B 函数/任意波形发生器的前面板如图 3-15 所示，主要包括多功能旋钮、数字键盘、菜单键及相应操作软键、输出端口、显示屏等。

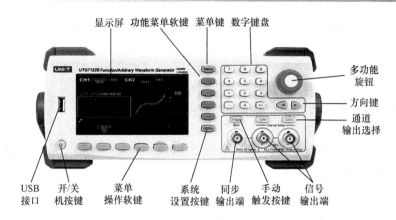

图 3-15　UTG7122B 信号发生器的前面板

按要求设置波形参数后，输出波形和参数信息都将显示在液晶显示屏上的相应位置，UTG7122B 的显示界面如图 3-16 所示。

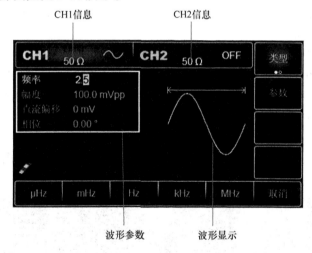

图 3-16　UTG7122B 信号发生器的界面显示图

2. UTG7000B 函数/任意波形发生器的使用

UTG7000B 系列函数/任意波形发生器可从单通道或同时从双通道输出基本波形，包括正弦波、方波、脉冲、噪声、斜波、表达式，还可以输出调制波形等。下面通过具体实例，介绍如何配置仪器，输出各类基本波形。

1) 设置常用波形

在接通电源时，波形默认配置为一个频率为 1kHz，幅度为 100mV 的正弦波(以 50Ω 端接)。当需要改变信号波形参数时，可按如下步骤操作。

(1) 设置波形种类：依次按"Menu"→"波形"→"参数"，根据需要选择要设置的波形类型。

(2) 设置波形参数：选择完波形类型后，按相应的参数按键，进入参数设置界面，使用数字键盘输入相应参数的数值。

(3) 选择所需单位，按对应于所需单位的软键。

　　例如，设置一个频率为 1kHz，幅度为 1.5V，直流偏移为 0V，占空比为 70%方波的具体步骤如下。

　　(1) 依次按"Menu"→"波形"→"类型"→"方波"→"参数"→"频率"，使用数字键盘输入数值 1，按对应软键选择单位 kHz。

　　(2) 按同样方法设置幅度、直流偏移以及占空比。

　　2) 输出调制波形

　　UTG7000B 支持的调制方式包括 AM、FM、PM、ASK、FSK、PSK、BPSK、QPSK、SUM、DSBAM、QAM、PWM 和 OSK，共 13 种。

　　下面以幅度调制(AM)为例介绍输出波形的调制功能。首先让仪器工作于幅度调制(AM)模式，然后设置一个来自仪器内部的 200Hz 的正弦波作为调制信号和一个频率为 10kHz、幅度为 200mV、占空比为 45%的方波作为载波信号，最后把调制深度设为 80%，具体步骤如下。

　　(1) 启用 AM 功能：依次按"Menu"→"调制"→"类型"→"调幅"。

　　(2) 设置调制信号参数：启用 AM 功能后，按"参数"软键，选择内部调制源，并设置调制波频率为 200Hz。

　　(3) 选择载波波形：依次按"载波参数"→"类型"→"方波"，选择载波信号为方波，按"参数"软键设置方波信号的频率 10kHz、幅度 200mV、占空比 45%。

　　(4) 设置调制深度：按"返回"软键回到调制设置界面，按"参数"→"调制度"软键后通过数字键盘输入数字 80 再按"%"软键来完成对调制深度的设置，设置完成后如图 3-17 所示。

　　(5) 启用通道输出：按前面板上的"CH1"键快速开启通道一输出。随后，可通过示波器观察 AM 调制波的波形。

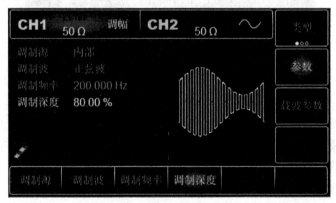

图 3-17　调制波设置

3.4　直流稳压电源

　　当今社会人们极大地享受着电子设备带来的便利，但是任何电子设备都有一个共同的部件——电源。由于电子技术的特性，电子设备对电源的要求就是能够提供持续稳定、满足负载要求的电能，而且通常情况下都要求提供稳定的直流电能。提供这种稳定的直流电能的电源就是直流稳压电源，直流稳压电源在电源技术中占有十分重要的地位。

稳压电源的分类方法繁多，按输出电源的类型分为直流稳压电源和交流稳压电源；按稳压电路与负载直流稳压电源的连接方式分为串联稳压电源和并联稳压电源；按调整管的工作状态分为线性稳压电源和开关稳压电源；按输出电压的可变情况分为固定输出稳压电源和可变输出稳压电源等。在实验室中，一般使用线性可调直流稳压电源，它可实现输出电压幅值的线性可调，其核心器件为调整管。调整管是直流稳压电源中的输出功率管，它在直流稳压电源电路中相当于可调电阻，随输入电压的波动，由取样管取样后随时调整输出功率管的导通程度，以达到输出电压稳定的目的。该类电源的优点是稳定性高、纹波小、可靠性高、输出连续可调。

3.4.1　线性可调直流稳压电源的工作原理

串联型线性可调直流稳压电源在工程应用中使用较多，其电路形式多种多样，但结构具有相似性，一般都包括降压、整流、滤波、稳压等模块，如图 3-18 所示。

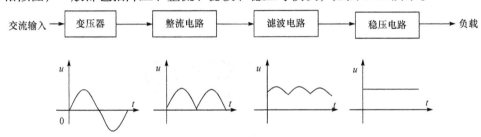

图 3-18　直流稳压电源原理框图

一般地，直流稳压电源的输出电压较低，而交流输入电压一般为市电的交流 220V，因此首先需要一个功率满足要求的工频变压器来将交流 220V 电压降低到适当幅度，然后采用整流桥或者整流二极管构成的桥式电路进行整流，再经电容滤波，最后经稳压器或由三极管等电路构成的串联稳压电路进行稳压，得到所需的输出。图 3-19 为采用 LM317 组成

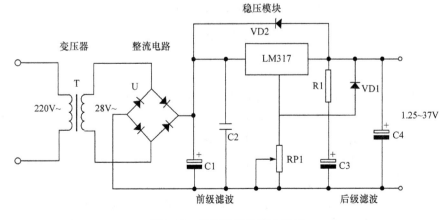

图 3-19　直流稳压电源电路图

的直流稳压电源电路，由变压器、整流器、前级滤波器、稳压模块和后级滤波器组成，输出电压可在 1.25～37V 之间连续调节，由两只外接电阻 R1、RP1 决定，通过调整 RP1 就能改变输出电压。

3.4.2　线性可调直流稳压电源的使用方法

1. MPS-3303K 系列多路直流稳压电源的面板及特点

MPS-3303K 系列可调式直流稳压电源是一种具有输出电压与输出电流均连续可调、稳压与稳流自动转换的高稳定性、高可靠性、高精度的多路直流电源，可同时显示输出电压和输出电流值，且所有规格都有固定 5V、3A 输出。另外，两路可调电源无需另外接线即可进行串联或并联使用，并且一路主电源进行电压或电流跟踪，串联时最高输出电压可达两路电压额定值之和；并联时最大输出电流可达两路电流额定值之和。

MPS-3303K 系列多路直流稳压电源的前面板如图 3-20 所示，主要包括表头显示区、主路调节旋钮、从路调节旋钮、追踪模式控制按钮、主路输出端、从路输出端、固定 5V/3A 输出端、电源开关等组成。

线性可调
直流稳压
电源的使用

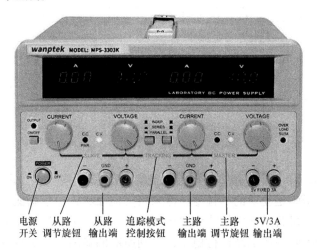

电源　从路　　从路　　追踪模式　　主路　　主路　　5V/3A
开关　调节旋钮　输出端　控制按钮　　输出端　调节旋钮　输出端

图 3-20　MPS-3303K 稳压电源的前面板

2. MPS-3303K 系列多路直流稳压电源的使用

1）双路可调电源独立使用

(1) 将追踪模式开关分别置于弹起位置。

(2) 作为稳压电源使用时，开机后先将主、从路的"CURRENT"调节旋钮顺时针调至最大，再调节主、从路"VOLTAGE"调节旋钮，使主、从路的输出电压至需要的稳压值。

(3) 作为恒流源使用时，开机后先将主、从路"VOLTAGE"调节旋钮顺时针调至最大，同时将主、从路"CURRENT"调节旋钮逆时针调至最小，接上所需负载再调节主、从路"CURRENT"调节旋钮，使主、从路的输出电流分别至所需要的稳流值。

(4) 限流保护点的设定：开启电源，调节主、从路"CURRENT"调节旋钮，使主、从路的输出电流等于所要求的限流保护点的电流值，此时保护点就设定好了。

2) 双路可调电源串联使用

(1) 将追踪模式开关按串联追踪模式设置，将主、从路"CURRENT"调节旋钮调至最大，此时调节主电源电压旋钮，从路的输出电压将跟踪主路的输出电压，输出电压为两路电压相加，最高可达两路电压的额定值之和。

(2) 在两路电源串联时，将主路负极输出端子与从路正极输出端子用 0.5mm 导线短接。如果主路和从路输出的负端与接地端之间接有连接片，应将其断开，否则将引起从路短路。

(3) 在两路电源串联时，两路的电流调节仍然是独立的，如从路"CURRENT"调节旋钮不在最大位置，而在某个限流点，则当负载电流达到该限流点的电流时，从路的输出电压将不再跟踪主路调节。

3) 双路可调电源并联使用

(1) 将追踪模式开关全部按下，两路输出处于并联状态，同时双路电源并联状态指示灯亮；调节主路"VOLTAGE"调节旋钮，两路输出电压一起变化。

(2) 在两路电源并联使用时，主路正极输出端子与从路正极输出端子、主路负极输出端子与从路负极输出端子都用 0.5mm 导线连接，输出应接主路正极输出端子与主路负极输出端子，否则会引起两路输出电流不均。

(3) 并联状态时，从路的"VOLTAGE"电压调节和"CURRENT"电流调节都不起作用，只需调节主路"CURRENT"电流调节旋钮，即能使两路电流同时受控，其输出电流为两路电流相加，最大输出电流可达两路额定值之和。

3.5　频谱分析仪

频谱分析仪是利用频率域对信号进行分析、研究的一种测量仪器，用于信号失真度、调制度、谱纯度、频率稳定度和交调失真等信号参数的测量，是一种多用途的电子测量仪器，它又被称为频域示波器、谐波分析器、频率特性分析仪或傅里叶分析仪等。对于信号分析来说它是不可少的，随着通信技术的迅猛发展，越来越多的野外作业需要频谱分析仪的支持，如通信发射机、干扰信号的测量、频谱的监测及器件的特性分析等。

频谱分析仪按照信号处理方式的不同，一般可分为两大类：一类是即时频谱分析仪(real-time spectrum analyzer)，即在被测信号发生的实际时间内获取所需要的全部幅频特性和相频特性；另一类是扫描调谐频谱分析仪(sweep-tuned spectrum analyzer)，它是对输入信号在一定频率范围内按时间顺序进行扫频调谐，调谐的本振信号频率由高到低(或由低到高)连续变化，逐次测量显示出被测信号的频率成分以及对应的幅度和相位信息。由于扫描调谐频谱分析仪通常采用超外差方式来实现对测试信号的频谱分析，因此它能够处理更宽的频率范围。

3.5.1　超外差式频谱分析仪的工作原理

超外差频谱分析仪一般由输入衰减器、前置滤波器或预选器、混频器、中频增益放大器、中频滤波器、本地振荡器、扫描产生器、包络检波器、视频滤波器和显示器组成，其原理结构图如图 3-21 所示。

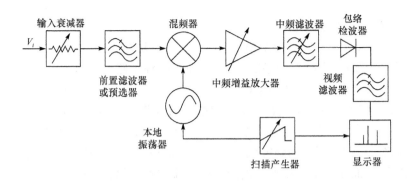

图 3-21　超外差频谱分析仪的简单原理结构图

超外差频谱分析仪的工作原理是：输入信号通过输入衰减器，经过前置滤波器或预选器到达混频器，输入信号同来自本地振荡器的本振信号混频。由于混频器是一个非线性件，因此其输出信号不仅包含源信号频率(输入信号和本振信号)，而且还包含输入信号和本振信号的和频与差频，如果混频器的输出信号在中频滤波器的带宽内，则频谱分析仪进一步处理此信号，即通过包络检波器、视频滤波器，最后在频谱分析仪显示器 CRT 的垂直轴显示信号幅度，在水平轴显示信号的频率，从而达到测量信号的目的。

3.5.2　频谱分析仪的使用方法

1. 频谱分析仪的主要参数及特点

1) 频谱分析仪的主要参数

(1) 分辨力带宽(resolution bandwidth，RBW)。

分辨力带宽表征频谱分析仪能明确分离出两个等幅信号的能力，如果两个信号的频宽低于频谱分析仪的 RBW，此时两信号将重叠，难以分辨。RBW 的设置对使用频谱分析仪来说非常关键，它影响频谱分析仪的显示噪声电平、频率分辨力和测试速度等。图 3-22 所示为不同 RBW 下频谱分析仪显示的波形示意图。可见，RBW 越小，频谱仪能分辨两个相邻谱线的能力越强。

频谱分析
仪的使用

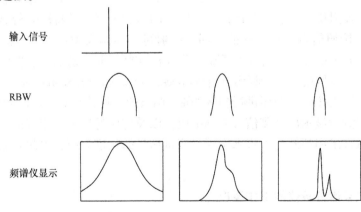

图 3-22　RBW 对频率分辨力的影响

图 3-23 为 RBW 分别为 10kHz、3kHz、1kHz 时频谱分析仪的测量结果。可见，窄 RBW能明显降低分析仪本底噪声，适合微弱信号的测量。

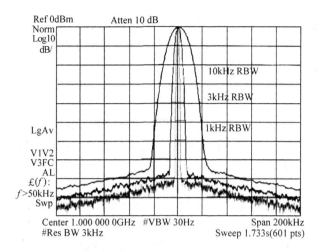

图 3-23　不同 RBW 的测量结果

但并非任何情况都是 RBW 越窄越好。对于调制信号的频谱测量，RBW 需要设置足够的宽度，使它能够将被测信号的边带也包括在内。窄 RBW 也会带来另一个缺点就是扫描速度降低，如上述信号在 200MHz 频率范围内，10kHz RBW 的扫频时间为 7.626s，而 3kHz RBW 对应的扫频时间为 26.79s。所以进行测试时，应该考虑测量目的，正确设置 RBW。

(2) 扫描频率范围。

扫描频率范围规定了频谱分析仪扫描频率的上限和下限，通过调整扫描频率范围，可以对感兴趣的频率进行细致的观察。在 RBW 一定的情况下，扫描频率范围越宽，则扫描一遍所需要时间越长，频谱上各点的测量精度越低。因此，在扫描时间允许的情况下，尽量使用较小的扫描频率范围。

(3) 扫描时间。

频谱仪接收的信号从扫描频率范围的最低端扫描到最高端所使用的时间称为扫描时间。扫描时间与扫描频率范围是相匹配的，如果扫描时间过短，频谱仪的中频滤波器不能够充分响应，幅度和频率的显示值就不正确。

(4) 视频带宽(video bandwidth，VBW)。

视频带宽反映的是测量接收机中位于包络检波器和数模转换器之间的视频放大器的带宽。VBW 至少与 RBW 相同，最好为 RBW 的 3～5 倍。改变 VBW 的设置，可以减小噪声峰峰值的变化量，提高较低信噪比信号测量的分辨率和复现率，易于发现隐藏在噪声中的小信号。

2) 频谱分析仪的特点

(1) 提高测量精度。

在测量时，被测设备可能通过电缆、适配器、衰减器及放大器等连接到频谱分析仪，这些传输网络都会给被测信号带来衰减。当对功率测量的精度要求较高时，需要对衰减系数进行修正，大多数频谱分析仪具有内置幅度校正功能，测试时可以在仪表里输入传输网络衰减值，测试结果会自动加上这个衰减值，从而得到更精准的幅度测量结果；进行更精确频率测量可采用频谱分析仪中的频率计数功能，它可以去除许多影响频率测量的因素，如跨度。

(2) 优化低电平测量的灵敏度。

频谱分析仪对低电平信号的测量能力受限于频谱分析仪的内部噪声，被测信号信噪比越低，测量误差也就越大。合理进行参数设置可以改善信号本底噪声，例如，当一个被测信号被分析仪噪声本底淹没时，可以通过最小化输入衰减、减小分辨率带宽和使用前置放大器这些方法来降低噪声本底以找到被测小信号。

(3) 为失真测量优化动态范围。

某些测试，需要同时测量一个较大的载波信号和一个较小的失真产物，这主要由频谱分析仪的动态范围决定。动态范围的优化可以通过设置输入到频谱分析仪的信号电平大小，并合理设置频谱分析仪的输入衰减值。此外，较小分辨率带宽也可以增加动态范围。

(4) 识别内部失真成分。

在进行杂散、谐波等项目的测试时，需要对输入信号载波之外的失真成分进行测量。但有时输入信号较大并且输入衰减设置不够时，会造成频谱分析仪内部产生失真，这时，失真成分会对测量结果造成影响，而且很容易把这些失真产物误判为被测信号的失真。判断内部失真与信号失真的简单做法是：首先把分析仪的输入衰减设为 0dB，把所测量的信号轨迹存储为轨迹 A；然后将输入衰减器设为 10dB，此时观察频谱分析仪所显示的测量轨迹是否有所变化。如果没有变化，则内部产生的失真对测量没有影响；如果信号轨迹发生了变化，则此时说明分析仪的混频器因高电平的输入信号而产生了内部失真，这时需要对输入信号进行更大的衰减。

2. AT6011 频谱分析仪的面板及特点

AT6011 是一款轻便易携的频谱分析仪。它拥有易于操作的键盘布局，6 英寸 CRT 显示屏，采用高频稳 PLL 本振，可以很好地对遥控器、对讲机、测量发射接收机、有线电视 CATV 及通信机等有线、无线系统进行检查和信号频率的分析比较，可广泛应用于教育科学、企业研发和工业生产等诸多领域。

图 3-24 为 AT6011 的前面板，主要由 CRT 屏幕、LCD 显示、聚焦调节、亮度调节、参考电平、中心频率输入、VBW 视频滤波器、RBW 分辨率带宽、测量输入(输入阻抗 50Ω)、扫频宽度、跟踪发生器、输出衰减器、输出端口、电平衰减调节等按键和旋钮组成。

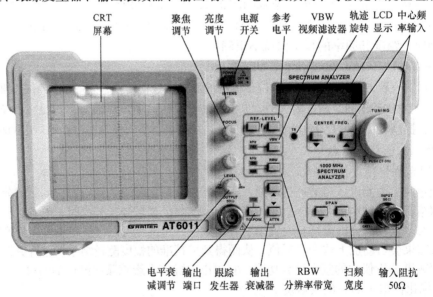

图 3-24 AT6011 频谱分析仪的前面板

3. AT6011 频谱分析仪的使用方法

1) 使用注意事项

(1) 频谱分析仪最灵敏的元件是输入部分，它包括信号衰减器和混频器。未经输入衰减时，加到输入端的电压必须不超出+10dBm(0.7Vrms)AC 或 ± 25VDC；当有 40dB 最大衰减时，AC 电压必须不超出+20dBm(2.2Vrms)。

(2) 对于参数不确定的被测信号，开始测量时用最大的衰减量和最宽的扫频范围。

(3) 亮度和聚焦由于相互作用而一起调节，首先调节亮度然后在此基础上将聚焦调节到最佳位置。亮度不宜调得过亮，信号即使在低亮度下也可以清晰显示。

(4) 由于变频原理，在 0Hz 上会出现一根谱线，称为中频直通(零频信号)，这是由第一本振扫过中频所致。

2) 测量实例

(1) 测量爱立信 T18 第二中频信号(6MHz)。

① 按下电源开关 "POWER"，打开设备，并预热 30min。

② 调节亮度 "INTENSE" 和聚焦 "FOCUS" 旋钮，使屏幕上显示清晰的图像。

③ 调节中心频率粗/细调调节旋钮，使频标位于屏幕中心位置，所指频率为 6MHz。

④ 调节扫频宽度 "SPAN" 按键，使 1MHz 指示灯亮，表示每格所占频率为 1MHz。

⑤ 将频谱仪探头外壳与 T18 电路主板接地点相连，探针插到第二中频滤波器的输出端，在电流表指针摆动时观察频谱仪屏幕上是否有脉冲式图像。正常情况下，当电流表指针摆动时，有脉冲图像出现在 6MHz 频标位置。

(2) 测量诺基亚 3310 功放输出信号的频谱。

① 打开频谱分析仪，调节亮度和聚焦旋钮，使屏幕上显示清晰的图像。

② 调节中心频率粗/细调调节旋钮，使频标位于屏幕中心位置，显示屏显示频率值为 900MHz。

③ 调节扫频宽度 "SPAN" 按键，使 10MHz 指示灯亮，表示每格所占频率为 10MHz。

④ 将频谱仪外壳与 3310 主板接地点相连，控针插到功放块的输出端，并拨打 "112"，观察电流表摆动的同时观看频谱仪屏幕上有无脉冲图像。正常情况下，在 900MHz 频标附近会出现脉冲图像，但幅度会超出屏幕范围，可以按 "衰减" 按键，使图像最高点在屏幕范围内。

总结与思考

测试仪器仪表是了解电路及元器件工作状态的重要工具。本章主要讲述了数字万用表、数字示波器、信号发生器、直流稳压电源、频谱分析仪等测试仪器仪表的主要功能、特点及工作原理，并结合目前实验室常用的仪器型号，对各仪器仪表的使用方法进行了详细介绍。通过本章的学习，读者不仅可以掌握常用仪器仪表的相关知识，而且可以应用这些仪器仪表对电子电路系统进行实践检测。

请读者思考以下问题。

(1) 数字万用表测量哪些量时不能带电测量？为什么？

(2) 如何用万用表判断二极管的好坏及其正负极？

(3) 常用示波器由哪几部分组成？简述示波器波形显示原理。

(4) 如何用数字示波器测量和观察交流电压？

(5) 信号发生器的核心是什么？如何用函数/任意波形发生器输出调制波形？

(6) 稳压电源如何实现独立、串联、并联输出？

(7) 频率特性分析仪主要用于测量哪些参量？一般应用于哪些领域？

(8) 简述使用频率特性分析仪测试信号频率和幅度的方法。

第4章 焊接工艺技术

焊接在电子产品装配过程中是一项很重要的技术，也是制造电子产品的重要环节之一。如果没有相应的工艺质量保证，任何一个设计精良的电子装置都难以达到设计指标。它在电子产品实验、调试、生产中应用非常广泛，而且工作量相当大，焊接质量的好坏，将直接影响电子产品的质量。

电子产品的故障除元器件的原因外，大多数是由于焊接质量不佳造成的。因此，熟练掌握焊接操作技能对保证产品质量是非常有必要的。本章着重讲述应用广泛的手工锡焊焊接，其目的是使大家掌握正确的锡焊方法，正确地使用烙铁，减少焊接缺陷，进而提升产品品质，延长元器件寿命，同时进一步了解拆焊技术以及表面安装技术。

4.1 焊接的原理、分类与方法

4.1.1 焊接的原理

采用锡铅焊料进行焊接称为锡铅焊，简称锡焊。其原理是焊件和铜箔在焊接热的作用下，焊件不熔化，而焊料融化并润湿焊面，二者相互扩散形成焊件的连接，在焊件和铜箔之间形成合金结合层的过程。焊接过程会形成润湿、扩散和结合层凝固三个成形步骤。

1. 润湿

润湿是发生在固体表面和液体之间的一种物理现象。这种润湿作用是物质所固有的一种性质，与固体的表面和液体都有关系。液体和固体交界处形成一定的角度，这个角度称为润湿角 θ，θ 是定量分析润湿现象的一个物理量。θ 为 $0°\sim180°$，θ 越小，润湿越充分。实际中以 $90°$ 为润湿的分界。

当 $\theta>90°$ 时(图 4-1(a))，焊料不润湿焊件；

当 $\theta=90°$ 时(图 4-1(b))，焊料润湿性能不好；

当 $\theta<90°$ 时(图 4-1(c))，焊料润湿性较好。

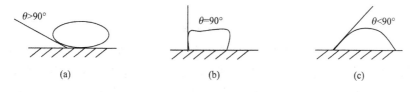

图 4-1 润湿角度分析

加热后呈熔融状态的钎料(锡铅合金)，沿着工件金属的凹凸表面，靠毛细管的作用扩散。如果钎料和工件金属表面足够清洁，钎料原子和工件金属就可以接近能够相互作用的距离，即接近原子引力互相起作用的距离，这个过程为钎料的润湿。

润湿是焊接形成过程的基础，其结合即是利用液态焊锡润湿在基材上达到结合的效果。焊锡润湿在铜箔上时，两者之间以化学键形成一种连续的结合。在实际状况下，铜箔常因受空气及周围环境的侵蚀，会有一层氧化膜，阻挡焊锡而无法达到良好的润湿效果。

焊接过程中，熔化的铅锡钎料和焊件之间的作用正是这种润湿现象。观测润湿角是锡焊检测的方法之一，润湿角越小，焊接质量越好。一般质量合格的铅锡钎料和铜之间的润湿角为 20°，实际应用中一般以 45°为焊接质量的检验标准。

2. 扩散

由于金属原子在晶格点阵中呈热振动状态，因此温度升高时，它会从一个晶格点阵自动地转移到其他晶格点阵，这种现象称为扩散。焊接时，钎料和工件金属表面的温度较高，钎料和工件金属表面的原子相互扩散，在两者之间的界面上形成新的合金。

3. 结合层

锡铅焊料和铜在焊锡过程中生成结合层，其厚度为 0.5~10μm，焊接的焊点结合层小于 0.5μm，焊料不能充分扩散，使得元件管脚和焊盘铜箔附着性能差，焊接强度低；结合层大于 10μm 焊料组织容易脆化，表面组织粗糙，容易产生裂口，降低焊接强度；钎料与焊件扩散的结果是形成新的合金结合层 Cu_6Sn_5 和合金固溶体 Cu_3Sn。新的结合层具有可靠的电气连接和牢固的机械连接，黏结厚度大、可靠性高。

综上，焊接即是将表面清洁的焊件与焊料加热到一定温度，焊料融化，润湿焊件表面，在其界面上发生金属扩散并形成结合结构，实现金属的焊接的流程，如图 4-2 所示。

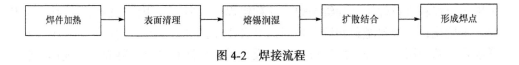

图 4-2 焊接流程

4.1.2 焊接的分类与方法

焊接一般分为熔焊、压焊和钎焊三大类。

1. 熔焊

熔焊是焊接过程中将焊件接头加热至熔化状态，不加压完成焊接的方法。在加热的条件下增强了金属的原子动能，促进原子间的相互扩散，当被焊金属加热至熔化状态形成液体熔池时，原子之间可以充分扩散和紧密接触，因此冷却凝固后，即形成牢固的焊接接头。常见的熔焊方法有气焊、电弧焊、埋弧焊、电渣焊及气体保护焊等。

2. 压焊

压焊是焊接过程中必须对焊件施加压力(加热或不加热)来完成的焊接方法。这类焊接有两种形式：一是将被焊金属接触部分加热至塑性状态或局部熔化状态，然后施加一定的压力，以使金属原子间相互结合形成牢固的焊接接头，如锻焊、电阻焊、摩擦焊和气压焊等就是这种压焊方法；二是不进行加热，仅在被焊金属的接触面上施加足够的压力，借助于压力所引起的塑性变形，以使原子间相互接近而获得牢固的接头，这种方法有冷压焊、爆炸焊等(主要用于复合钢板)。

3. 钎焊

钎焊是采用比母材熔点低的金属材料，将焊件和钎料加热到高于钎料熔点，低于母材熔点的温度，利用液态钎料润湿母材，填充接头之间间隙，并与母材相互扩散实现连接焊件的方法。根据焊接温度的不同，钎焊可以分为两大类：焊接加热温度低于 450℃称为软钎焊，高于 450℃称为硬钎焊。常用的钎焊工艺主要是按使用的设备和工作原理区分的。如按热源区分有红外、电子束、激光、等离子、辉光放电钎焊等；按工作过程区分有接触反应钎焊和扩散钎焊等。

钎焊不适于一般钢结构和重载的焊接。它主要用于制造精密仪表、电气零部件、异种金属构件以及复杂薄板结构(如夹层构件、蜂窝结构等)，也常用于钎焊各类导线与硬质合金刀具。钎焊前对工件必须进行细致加工和严格清洗，除去油污和过厚的氧化膜，保证接口装配间隙尺寸符合要求。间隙一般要求在 0.01～0.1mm。

4.2 焊接材料与工具

焊接材料和工具是焊接的必要条件，合格的焊接材料是焊接的前提，合适、高效的工具是焊接质量的保证。

4.2.1 焊接材料

焊接材料是一种易熔金属，它的熔点低于被焊金属，它能使元器件引线与印刷电路板的连接点连接在一起。焊接材料包括焊条、焊丝、焊剂、气体、电极及衬垫等。电子装配中常用的钎料的主要成分为锡。

1. 手工锡焊常用钎料——焊锡

手工锡焊钎料的主要成分是锡(Sn)，它是一种质地柔软、延展性大的银白色金属，熔点为232℃，在常温下化学性能稳定，不易氧化，不失金属光泽，抗大气腐蚀性能强。在锡中加入一定比例的铅和少量其他金属可制成熔点低、抗腐蚀性好、对元件和导线的附着力强、机械强度高、导电性好、不易氧化、抗腐蚀性好、焊点光亮美观的钎料，钎料常称为焊锡。焊锡是在焊接线路中连接电子元器件的重要工业原材料，广泛应用于电子工业、家电制造业、汽车制造业、维修业和日常生活中。

市场上出售的焊锡，由于生产厂家不同，配置比有很大的差别，但熔点基本在 140℃～180℃。在电子产品的焊接中一般采用 Sn62.7%+Pb37.3%配比的钎料，其优点是熔点低、结晶时间短、流动性好、机械强度高。

常用的焊锡有五种形状：①块状(符号：I)；②棒状(符号：B)；③带状(符号：R)；④丝状(符号：W)，焊锡丝的直径(单位为 mm)有 0.5、0.8、0.9、1.0、1.2、1.5、2.0、2.3、2.5、3.0、4.0、5.0 等；⑤粉末状(符号：P)。块状及棒状焊锡用于浸焊、波峰焊等自动焊接。丝状焊锡主要用于手工焊接。粉末状焊锡主要用于表面安装元器件的焊接。

2. 焊剂

根据焊剂的作用不同可分为助焊剂和阻焊剂两大类。

1) 助焊剂

在锡铅焊接中助焊剂是一种不可缺少的材料，它有助于清洁被焊面，防止焊面氧化，增加焊料的流动性，使焊点易于成形。焊锡中常用的助焊剂是松香，在较高要求的场合下使用新型助焊剂——氧化松香。

(1) 助焊剂的主要功能包括溶解被焊母材表面的氧化膜，防止被焊母材的再氧化，降低熔融锡料表面的张力等。

(2) 助焊剂的化学特性包括化学活性、热稳定性、润湿能力、扩散率和电化学活性。

(3) 助焊剂的种类主要分为两大类：有机助焊剂与无机助焊剂，有机助焊剂又分为松香类与非松香类。

有机酸(OA，非松香类)助焊剂清除氧化能力中等，腐蚀性高，对热较敏感。商业、工业和电信业的其他一些主流公司，把有机酸助焊剂应用于波峰焊接表面安装片状元件。有机酸助焊剂能满足军用和商用的清洁度要求。

松香助焊剂主要来自松树树脂油榨取和提炼的天然树脂，在室温下不活跃，但加热到焊接温度时变得活跃。由于松香助焊剂具有常温下非常稳定、清除氧化能力强、在焊接温度下具有活性及残余物在常温下不具腐蚀性等特点，广泛用于电子工业中，手工焊接也多采用松香。松香助焊剂的种类主要有：无活性松香助焊剂(R)、弱活性松香助焊剂(RMA)、活性松香助焊剂(RA)、超活性松香助焊剂(RSA)、低活性松香助焊剂及无卤素松香助焊剂等。

无机助焊剂清洗快，清除氧化物能力强，在焊锡温度下安全且有活性，腐蚀性较高。无机助焊剂由于其潜在的可靠性问题，不应考虑用于电子装配(传统工艺或表面安装)。其主要的缺点是有化学活性残留物，可能引起腐蚀和严重的局部失效。

2) 阻焊剂

阻焊剂是一种耐高温的涂料，它能限制锡料只在需要的焊点上进行焊接。使用阻焊剂把不需要焊接的印制电路板的板面部分覆盖起来，保护面板使其在焊接时受到的热冲击小，不易起泡，同时还起到防止桥接、拉尖、短路及虚焊的作用。常见的印制电路板上的绿色涂层即为阻焊剂。

4.2.2　焊接工具

1. 电子产品装配常用五金工具

常用电子产品装配的五金工具有多种类型，包含钳具、镊子、螺钉旋具、扳手等。

1) 钳具

电工常用的钳具包含尖嘴钳、斜口钳、剥线钳等。

图 4-3(a)为尖嘴钳，主要用于二次小截面导线工作和狭小的工作空间。尖嘴钳的绝缘柄的耐压为 500V，因此可用来在低压带电情况下夹持小螺钉、导线等。

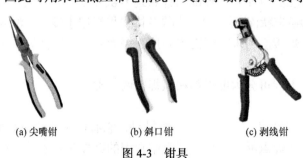

(a) 尖嘴钳　　　　　(b) 斜口钳　　　　　(c) 剥线钳

图 4-3　钳具

图 4-3(b)为斜口钳，又名"斜嘴钳"，主要用于剪切导线和元器件多余的引线，还常用来代替一般剪刀剪切绝缘套管、尼龙扎线等。其尺寸一般为：4"、5"、6"、7"和 8"。普通电工布线时选择 6"和 7"，切断能力比较强，剪切不费力；线路板安装维修以 5"和 6"为主，使用起来方便灵活，长时间使用不易疲劳。斜口钳不宜剪切直径 2.5mm 以上的单股铜线和铁丝。

图 4-3(c)为剥线钳，用来剥削绝缘导线的外包绝缘层。剥线钳一般有多个切口，以适用于不同截面的芯线，可用来剥割截面积为 6mm^2 及以下导线的塑料或橡皮绝缘层。剥线钳不能用来切断导线，否则可能使其变形或刀口损伤。

2) 镊子

镊子(如图 4-4 所示)主要用来夹持物体。在焊接时，用镊子夹持导线或元器件，以防止移动。对镊子的要求是弹性强，合拢时尖端要对正吻合。

3) 螺钉旋具

螺钉旋具(如图 4-5 所示)由手柄和螺丝刀构成。按形状可分为一字形和十字形两种；按其手柄材料不同可分为木质柄和塑料柄两种。螺钉旋具主要用来旋紧、松起螺钉。

图 4-4　镊子

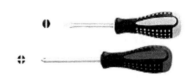

图 4-5　螺钉旋具

2. 手工焊接工具——电烙铁

1) 电烙铁的种类

电烙铁是最常用的手工焊接工具之一，被广泛用于各种电子产品的生产和维修。常见的有内热式电烙铁、外热式电烙铁、恒温式电烙铁、热风枪和 BGA 焊台等形式。

(1) 内热式电烙铁。

内热式电烙铁如图 4-6 所示，其内部结构图如图 4-7 所示。它由手柄、软电线、外壳、卡箍、加热元件和烙铁头组成。由于加热元件安装在烙铁里面，从内向外加热，因而发热快、热利用率高，故称为内热式电烙铁。

图 4-6　内热式电烙铁

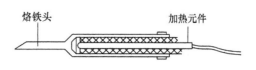

烙铁头　　加热元件

图 4-7　内热式电烙铁内部结构图

常用的内热式电烙铁的规格有 20W、35W 和 50W 等。由于它的热效率较高，20W 内热式电烙铁就相当于 40W 左右的外热式电烙铁，烙铁头的温度可达 350℃左右。电烙铁的功率越大，烙铁头的温度就越高。焊接集成电路和一般小型元器件选用 20W 内热式电烙铁即可。使用的电烙铁功率过大，容易烫坏元器件(二极管和晶体管等半导体元器件当温度超过 200℃就会烧毁)和使印制电路板的铜箔线脱落；电烙铁的功率太小，不能使被焊接物充分加热而导致焊点不光滑、不牢固、易产生虚焊。

内热式电烙铁烙铁头使用时间过长会氧化导致损坏，在更换烙铁头时，须用钳子夹住烙铁头的前段，慢慢地拔出，切忌不能用力过猛，以免损坏连接杆和烙铁芯。内热式电烙铁的烙铁芯是用比较细的镍铬电阻丝绕在瓷管上制成的，20W 烙铁的电阻约为 2.5kΩ。

由于内热式电烙铁有升温快、重量轻、耗电少、体积小、热效率高的特点，因而得到了普遍的应用。

(2) 外热式电烙铁。

外热式电烙铁如图 4-8 所示，其内部结构图如图 4-9 所示。它由烙铁头、烙铁芯、外壳、手柄、电源引线和插头等部分组成。由于烙铁头安装在烙铁芯里，故称为外热式电烙铁。

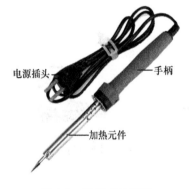

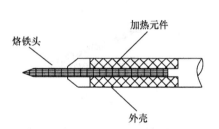

图 4-8　外热式电烙铁　　　　图 4-9　外热式电烙铁内部结构图

烙铁芯是电烙铁的关键部件，它是将电热丝平行地绕制在一根空心瓷管上构成的，中间由云母片绝缘，并引出两根导线与 220V 交流电源连接。

外热式电烙铁的规格很多，常用的有 15～100W。功率越大烙铁头的温度就越高。烙铁芯的功率规格不同，其内阻也不同。25W 电烙铁的阻值约为 2kΩ，40W 电烙铁的阻值约为 1kΩ，80W 电烙铁的阻值约为 0.6kΩ，100W 电烙铁的阻值约为 0.5kΩ。

(3) 恒温电烙铁。

由于在焊接集成电路、晶体管元器件时，温度不能太高，焊接时间不能太长，否则就会因温度过高造成元器件的损坏，因而对电烙铁的温度要予以限制，恒温电烙铁可以达到这一要求。这是由于恒温电烙铁铁头内装有温度控制器，可以通过控制通电时间或者输出电压来实现温控。

图 4-10 所示为磁控恒温电烙铁。烙铁中装有磁铁式的温度控制器，通过控制通电时间

而实现温控,即给电烙铁通电时,烙铁的温度上升,当温度达到强磁体传感器的居里点时,强磁体磁性变小,从而使磁芯角点断开,这时就停止向电烙铁供电;当温度低于强磁体传感器的居里点时,强磁体便恢复磁性,并吸动磁芯开关中的永久磁铁,使控制开关的触点接通,继续向电烙铁供电,如此循环往复,便达到了控制温度的目的。

图 4-11 所示为自动调温恒温电烙铁。该电烙铁依靠温度传感元件检测烙铁头温度,并通过放大器将传感器输出信号放大处理,控制电烙铁的供电电路输出的电压高低,从而达到自动调节电烙铁温度、使电烙铁温度恒定的目的。

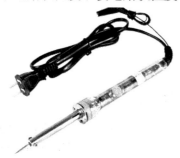

图 4-10　磁控恒温电烙铁　　　　　　　图 4-11　恒温电烙铁

(4) 热风枪。

热风枪又称贴片电子元器件拆焊台,如图 4-12 所示。它专门用于表面贴片安装电子元器件(特别是多引脚的 SMD 集成电路)的焊接和拆卸。

(5) BGA 焊台。

BGA 焊台一般分为手动机型、半自动机型和全自动机型,是应用在 BGA 芯片有焊接问题或者是需要更换新的 BGA 芯片时的专用设备,由于 BGA 芯片焊接的温度要求比较高,所以一般用的加热工具(如热风枪)无法满足需求。BGA 焊台用作 BGA 返修的效果非常好,有些 BGA 焊台的 BGA 返修成功率可以达到 98%以上。图 4-13 所示为一种半自动 BGA 焊台。

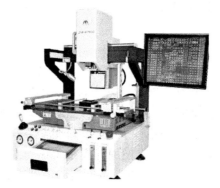

图 4-12　拆焊台　　　　　　　　　图 4-13　BGA 焊台

2) 烙铁头的选择

烙铁头使用纯铜材料制成,它的作用是储存热量和传导热量,它的温度必须比被焊接物温度高很多。烙铁的温度与烙铁头的体积、形状、长短等都有一定的关系。为适应不同焊接物的要求，烙铁头的形状有所不同，常见的有棱角形、斗锥形、马蹄形等，具体形状如图 4-14 所示。

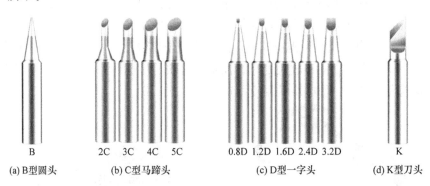

| (a) B型圆头 | (b) C型马蹄头 | (c) D型一字头 | (d) K型刀头 |

图 4-14 常见烙铁头的形状

图 4-14(a)为 B 型圆头。此烙铁头无方向性，烙铁头尖端幼细。整个烙铁头前端均可以焊接，使用广泛，无论大小焊点均可以使用。主要适合精细焊接，或焊接空间狭小的情况，也可以修正焊接芯片时产生的锡桥。

图 4-14(b)为 C 型马蹄头。马蹄形电烙铁的特点是用烙铁头批咀部分进行焊接，适合需要多锡量的焊接。适用于多锡量的焊接面积大、粗端子和焊点大的焊接环境。

图 4-14(c)为 D 型一字头。用批咀部分进行焊接，适合需要多锡量的焊接。适用于多锡量的焊接面积大、粗端子和焊点大的焊接环境。

图 4-14(d)为 K 型刀头。刀头的特点是使用平角部分进行焊接。适用于 SOJ、PLCC、SOP、QFP、电源、接地部分元件、修正锡桥和连接器等焊接。

选择正确的烙铁头尺寸和形状非常重要，可以提高工作效率，增加烙铁头耐用程度，并且烙铁头大小与热容量有直接关系，烙铁头越大，热容量相对较大；烙铁头越小，热容量也越小。进行连续焊接时，使用越大的烙铁头，温度跌幅越少。此外，因为大烙铁头的热容量高，焊接的时候能够使用比较低的温度，烙铁头不易氧化，增加它的寿命。一般来说，烙铁头尺寸以不影响邻近元件为准。选择与焊点充分接触的几何尺寸能够提高焊接效率。

3) 烙铁头的保养

(1) 使用前。清洁烙铁头，把烙铁头温度调到 250℃，可用清洁海绵湿水，挤干多余水分，或者用松香润湿烙铁头表面，不断重复，直到烙铁头表面氧化物清理干净为止。

(2) 使用时。焊接时可以使烙铁头得到焊锡的保护及减低氧化速度，尽量使用低温焊接，高温会加速烙铁头氧化，降低烙铁头寿命，如烙铁头温度超过 470℃，它的氧化速度远比 380℃快，正常使用温度在 350℃以下。

(3) 焊接后。烙铁头温度需调节到约 250℃，然后清洁烙铁头，再加上一层新焊锡作为保护，如果使用非温控烙铁，应切断电源避免烙铁头氧化。

注意：使用过程中烙铁头发黑上不上锡，是因为锡线里面含有松香、助焊剂和其他杂质，焊接时残余在烙铁咀上，长时间烧焦导致发黑氧化。解决的办法：不要高温焊接，在焊接

过程中尽量多擦拭烙铁咀上的残渣,在不用烙铁的时候把烙铁咀擦拭干净,再上新锡保护,
同时把烙铁的温度降低在 350℃以下。

4.3　手工焊接技术

4.3.1　手工焊接前的准备

1. 焊接的基本姿势

焊接时应保持正确的焊接姿势。掌握正确的操作姿势,可以保证操作者的身心健康,
减少焊剂加热时挥发的化学物质对人的危害,减少有害气体的吸入量。一般烙铁头的顶端
距离操作者鼻尖至少保持 20cm 的距离,操作者进行焊接时要挺胸端坐,保持室内空气流通。

2. 电烙铁的手握方法

为了能使被焊件焊接牢固,又不烫伤被焊件周围的元器件及导线,根据被焊件的位置、
大小及电烙铁的规格大小,适当地选择电烙铁的手握方法很重要。电烙铁的手握方法可分
为三种,分别为正握法、反握法和握笔法,如图 4-15 所示。

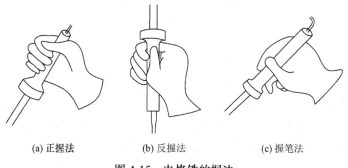

(a) 正握法　　　　(b) 反握法　　　　(c) 握笔法

手工焊前
的准备

图 4-15　电烙铁的握法

(1) 正握法适用于中功率烙铁头或带弯头电烙铁的操作。

(2) 反握法的动作稳定,长时间操作不易疲劳,适用于大功率烙铁的操作。

(3) 握笔法一般用于在操作台上焊接印制电路板等焊件。

3. 焊锡丝的拿法

焊锡丝一般有两种拿法,分别为连续焊接时焊锡丝的拿法和断续焊接时焊锡丝的拿法,
如图 4-16 所示。由于铅在焊锡丝的成分中占一定比例,而铅是对人体有害的重金属,因此
操作时要注意戴手套或操作后洗手,避免食入。

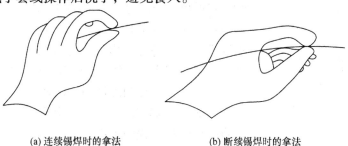

(a) 连续锡焊时的拿法　　　　　　(b) 断续锡焊时的拿法

图 4-16　焊锡丝的拿法

4.3.2　手工焊接基本操作

1. 五步焊接法

掌握好烙铁的温度和焊接时间，选择恰当的烙铁头和焊点的接触位置，才能得到良好的焊点。正确的焊接操作过程可以分成五个步骤，如图4-17所示。

手工焊接
基本操作

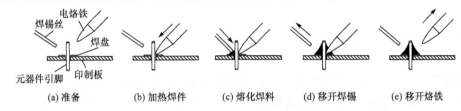

图 4-17　手工焊接操作五步法

(1) 准备：准备好焊锡丝和烙铁。清洁焊接部位的积尘及油污、元部件的插装、导线与接线端钩连，为焊接做好前期的预备工作。左手拿焊丝，右手握烙铁，进入备焊状态。要求烙铁头保持干净，表面平整光亮，并在表面镀有一层焊锡。

(2) 加热焊件：将沾有少许焊锡的烙铁头接触焊接点，烙铁头靠在两焊件的连接处，注意保持烙铁加热焊件各部分。对于在印制电路板上焊接元器件来说，要注意使烙铁头同时接触焊盘和元器件的引线。

(3) 熔化焊料：当焊件的焊接面被加热到能熔化焊料的温度时，将焊锡丝从烙铁对面置于焊点，焊料开始熔化。注意不要把焊锡丝送到烙铁头上。

(4) 移开焊锡：当焊锡丝熔化一定量的焊锡时，即可以45°角方向移开焊锡丝。

(5) 移开烙铁：当焊锡完全润湿焊点后移开烙铁，注意移开烙铁的方向应该是大致45°角的方向。拿开电烙铁时，不要过于迅速或用力往上挑，以免溅落锡柱、锡点或使焊锡点拉尖等，同时要保证被焊元器件在焊锡凝固之前不要移动或受到振动，否则极易造成焊点结构疏松、虚焊等现象。

以上五步焊接法是电子行业通用的焊接基本方法，是每个电子工作者必备的基本技能。该方法对热熔点小的焊点，要求每一个焊点焊接时间在2～3s以内完成，每一个步骤停留时间的准确掌握，对保证焊接质量有至关重要的作用，初学者在实践过程中需要通过逐步训练才能逐步焊接出高质量的焊点，而焊接练习较为枯燥，只有坚持练习，才能成为熟手。

2. 大焊盘的焊接方法

大焊盘的焊接往往比一般焊盘焊接稍难，需要通过合理的操作流程来保证焊接的可靠性。其焊接主要步骤与五步焊接法相同，但加热焊件时应注意烙铁头靠在引脚与焊盘的连接处并做旋转式移动，以保证整个焊件各部分均匀受热，熔化焊料时将焊锡丝从烙铁对面置于焊点，焊料开始熔化，熔化过程中移动焊锡丝使焊料均匀分布在两焊件的连接处，当焊锡丝熔化一定量的焊锡时移开焊锡丝，当焊锡完全润湿焊点后移开烙铁。注意保证焊接过程中不产生气泡，增加焊接的可靠性，大焊盘的焊接方法如图4-18所示。

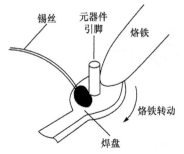

图 4-18　大焊盘的焊接方法

4.3.3　导线和接线端子的焊接

导线焊接在电子装配中占有一定的比例，实践表明，其焊点失效率高于印制电路板，常见的导线类型有单股导线、多股导线、屏蔽线等，导线连接采用绕焊、钩焊、搭焊等基本方法。需要注意的是：导线剥线长度要合适，上锡要均匀；线端连接要牢固；芯线稍长于外屏蔽线，以免芯线因受外力而断开；导线的连接点可以用热缩管进行绝缘处理，既美观又耐用。

1. 导线焊接

1) 剥绝缘层

绝缘导线连接前，必须把导线端头的绝缘层剥掉，绝缘层的剥切长度因接头方式和导线截面的不同而不同。用剥线钳或普通斜口钳剥线时要注意对单股线不应伤及导线，多股线不损伤线芯。绝缘层的剥切方法如图 4-19 所示，分为单层剥法、分段剥法和斜削法三种。塑料绝缘线用单层剥法，橡胶绝缘线采用分段剥法或斜削法。多股线及屏蔽线不断线剥除绝缘层时应注意将线芯拧成螺旋状，采用边拽边拧的方式，否则将影响接头质量，如图 4-19(d)所示。

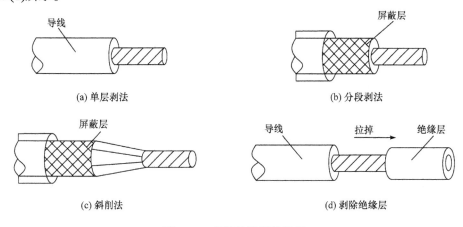

(a) 单层剥法　　　　　　　　　　　　(b) 分段剥法

(c) 斜削法　　　　　　　　　　　　(d) 剥除绝缘层

图 4-19　多股导线剥线技巧

2) 预焊

预焊是导线焊接的关键步骤。预焊需注意导线挂锡时要一边上锡一边旋转，旋转方向与拧合方向一致，多股导线挂锡要注意"烛心效应"，即焊锡浸入绝缘层内，造成软线变硬，容易导致接头故障，如图 4-20 所示。

(a) 镀层良好，表面光滑　　　　　　　　　(b) 烛心效应，不好

图 4-20　导线挂锡

3) 焊接

导线焊接要仔细观察焊点形状和外表。焊点应呈半球状且高度略小于半径，不应该太鼓或者太扁，外表应该光滑均匀，没有明显的气孔或凹陷，否则都容易造成虚焊或者假焊。

在一个焊点同时焊接几个元件的引线时，更应该注意焊点的质量。导线与导线的焊接如图 4-21 所示。

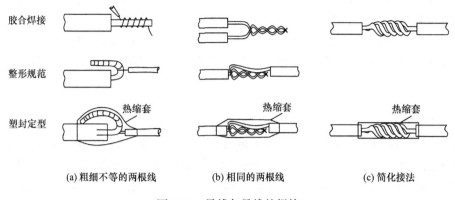

图 4-21　导线与导线的焊接

2. 导线和接线端子的焊接方法

导线和接线端子的焊接方法主要有钩焊、绕焊和搭焊，如图 4-22(a)为不同焊接方法导线的弯曲形状。

1) 钩焊

钩焊是将导线端子弯成钩形，钩在接线端子上并用钳子夹紧后施焊。端头处理与绕焊相同，如图 4-22(b)所示。

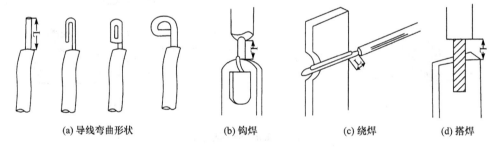

图 4-22　导线和接线端子的焊接

2) 绕焊

绕焊是把经过上锡的导线端头在接线端子上缠一圈，用钳子拉紧缠牢后进行焊接，绝缘层不要接触端子，导线绝缘皮与焊面之间的距离一定要留出 1～3mm，如图 4-22(c)所示。

3) 搭焊

搭焊是把经过镀锡的导线搭到接线端子上进行施焊。搭焊一般用于不便于缠钩的地方以及一些接插件上，如图 4-22(d)所示。

4.3.4　印制电路板上的焊接

1. 焊前准备

焊接人员戴防静电手套，确认恒温烙铁接地。按照元器件清单检查元器件型号、规格及数量是否符合要求。对印制电路板进行检查，对照印制电路板图，用万用表查看其有无短路、断路及孔金属化不良等问题。焊接前，将印制电路板上所有的元器件做好焊前准备工作(成形、镀锡)。

2. 元器件成形

元器件引脚成形的基本要求和方法如下。

1) 引脚成形的基本要求

引脚成形工艺就是根据焊点之间的距离，做成需要的形状，目的是使它能迅速而准确地插入孔内。引脚成形的基本要求为：元器件引脚开始弯曲处，离元器件端面的最小距离应不小于 2mm；弯曲半径应不小于引脚直径的 2 倍；怕热元器件要求引脚增长，成形时应绕环；元器件标称值应处在便于查看的位置；成形后不允许有机械损伤。引脚成形的基本要求如图 4-23 所示。

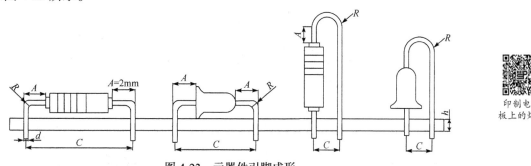

图 4-23　元器件引脚成形

印制电路
板上的焊接

2) 成形的方法

为保证引脚成形的质量和一致性，应使用专用工具和成形模具。成形工序因生产方式不同而不同。在自动化程度高的工厂，成形工序是在流水线上自动完成的，如采用电动、气动等专用引脚成形机。在没有专用工具或加工少量元器件时，可采用手工成形，使用尖嘴钳或镊子等一般工具。为保证成形工艺，可自制一些成形机械，以提高手工操作能力。

3. 元器件安装

元器件的安装技术要求如下。

(1) 元器件的标志方向应按照图纸规定的要求，安装后能看清元器件上的标志，如图 4-24 所示。若装配图上没有指明方向，则应使标记向外易于辨认，并按从左到右、从上到下的顺序读出。

图 4-24　元器件的标志方向

(2) 元器件的极性不得装错。如电容和二极管的正极和负极，三极管的 b、c、e 极，场效应管的 g、d、s 极，集成电路的管脚方向等。

(3) 安装高度应符合规定要求，同一规格的元器件应尽量安装在同一高度上。

根据安装元器件的不同要求，元器件安装方式和高度有些许差异。对于防振要求高的元器件，采用贴板安装的方式，元器件紧贴基板，安装间隙小于 1mm，如图 4-25(a)所示；对于发热元器件，可以进行悬空安装，元器件安装时距基板要有 3～8mm 的距离，如图 4-25(b)所示；对于既需要降低高度，又有防振需求的元器件，可使用埋头安装方式，如图 4-25(c)所示；对于元件较多、功耗小、频率低的电路板，可采用垂直安装方式，也叫立式安装，如图 4-25(d)中电容等的安装；对于质量较大的元器件，可用支架固定，将元器件垂直安装于基板，如图 4-25(d)所示；对于安装高度有限制的情况，可以将元器件垂直插入后再向水平方向弯曲，如图 4-25(e)所示。

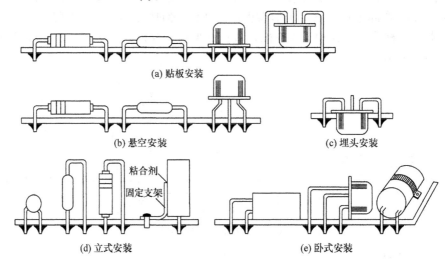

(a) 贴板安装

(b) 悬空安装   (c) 埋头安装

粘合剂
固定支架

(d) 立式安装   (e) 卧式安装

图 4-25 常规 THT 元件安装规范

(4) 安装顺序一般应先低后高，先轻后重，先易后难，先一般元器件后特殊元器件。

4.4 焊接质量与缺陷分析

4.4.1 焊接质量的要求

焊点是电子产品中元器件连接的基础，电子产品组装的主要任务是在印制电路板上对电子元器件进行焊锡，焊点的个数从几十个到成千上万个不等。如果有一个焊点达不到要求，就会影响整体的质量，焊点质量出现问题，可导致设备故障。因此，高质量的焊点是保证设备可靠工作的基础。合格焊点的质量要求主要包含以下几个方面。

(1) 电气性能良好。锡焊连接不是靠压力而是靠焊接过程形成牢固连接的合金层达到电气连接的目的。高质量的焊点应是焊料与工件金属界面形成牢固的合金层，才能保证良好的导电性能。不能简单地将焊料堆在工件金属表面，这是焊接工艺中的大忌。

(2) 具有一定的机械强度。焊接不仅起到电气连接的作用，同时也是固定元器件、保证机械连接的手段。电子设备有时要在振动的环境中工作，为保证被焊件在受振动或冲击时不至脱落、松动，要求焊点有足够的机械强度。

(3) 焊点上的焊料要适量。焊点上的焊料过少，机械强度不足。焊点上的焊料过多，即增加成本，又容易造成焊点短路。印制电路板焊接时，焊料布满焊盘呈裙状展开时最为适宜。

(4) 焊点表面应光亮且均匀。良好的焊点表面应光亮且色泽均匀。

(5) 焊点不应有毛刺、空隙。焊点表面存在毛刺、空隙不仅不美观，还会给电子产品带来危害，尤其在高压电路部分，将会产生尖端放电而损坏电子设备。

(6) 焊点表面必须保持清洁。焊点表面的污垢，如果不及时清除，会腐蚀元器件引线、接点及印制电路，吸潮会造成漏电甚至短路燃烧等。

典型焊点的外观如图 4-26 所示。

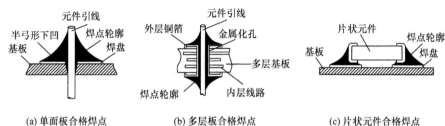

焊接质量
要求与缺陷
分析

(a) 单面板合格焊点　　(b) 多层板合格焊点　　(c) 片状元件合格焊点

图 4-26　典型焊点的外观

4.4.2　焊接质量检查与缺陷分析

造成焊接缺陷的原因很多，如焊接人员的工艺、焊接工具的可靠性、焊接材料的合理使用及焊接环境因素的影响等，会导致焊点过热、冷焊、虚焊、气泡、拉尖或桥接等缺陷。常见的焊接缺陷如表 4-1 所示。

表 4-1　常见的焊接缺陷

焊点缺陷	特点	危害	原因分析	解决办法
焊锡过多	焊点表面向外凸出	浪费焊锡，可能有隐藏缺陷	焊接时间过长，焊料过多	减少焊接时间，减少焊料
焊锡过少	焊点表面向内凹陷	机械强度差，长时间使用容易虚焊	焊料流动性差，焊接时间过短，焊锡撤离过早	更换焊料，增加焊接时间
过热	表面粗糙，无金属光泽，焊点发白	焊接强度低，焊盘容易脱落	烙铁温度过高，加热时间过长	降低加热温度，减少加热时间
不对称	焊锡未流满整个焊盘	焊接强度低，容易虚焊	焊料流动性差，焊接时间过短，焊接加热不均匀	更换焊料，增加焊接时间，处理烙铁头表面
冷焊	表面粗糙，伴有裂纹	导电性能差，强度低	加热温度不够，烙铁头表面氧化严重	提高烙铁头温度，处理烙铁头表面
桥接	相邻焊盘短接	电路板电气短路	焊接方法不正确，电烙铁使用不正确	练习五步焊接法，练习烙铁头的正确使用

续表

焊点缺陷	特点	危害	原因分析	解决办法
拉尖	焊点上出现一个尖端	外观不合格，容易造成短路	烙铁头氧化，移开烙铁时间未达到焊锡温度，烙铁头角度不对	练习五步焊接法，练习烙铁头的正确使用
针孔	在放大镜下可见焊点孔状	焊点强度低，容易质变发霉	焊料、元件受污染、环境潮湿或者焊锡不合格	更换未受污染的元件，更换不合格的焊锡
松动	导线或元件管脚未焊接牢固	导通不良，容易出现软故障	焊接管脚或导线头未处理	重新处理焊接管脚或导线头
气泡	焊点内部有空洞	短时间没有反应，大电流容易引起虚焊	焊料溶剂残留在焊点内，加热时间不合理	更换焊锡或焊料，保持合理的加热时间
虚焊	焊锡与元件管脚有分界线，并向管脚凹陷	元件导通不良，容易出现软故障	元器件管脚未镀锡或导线头未处理，电路板未清洁	处理焊接管脚或导线头，清洁电路板焊盘
铜箔翘起	铜箔从电路板上剥离	电路板焊接损坏	焊接时间过长	练习五步焊接法，练习烙铁头的正确使用
剥离	焊点从铜箔上剥落，但铜箔未从电路板上脱落	元件与电路板虚焊	电路板未清洁，焊盘受潮霉变损坏	清洁电路板焊盘，修复受潮霉焊盘或更换电路板

4.5　拆焊技术

4.5.1　拆焊的原则

拆焊的步骤一般与焊接的步骤相反，拆焊前一定要弄清楚原焊接点的特点，不要轻易动手，拆焊应遵守以下原则。

(1) 不损坏拆除的元器件、导线、原焊接部位的结构件。

(2) 拆焊时不可损坏印制电路板上的焊盘与印制导线。

拆焊(原则、工具、方法)

(3) 对已判断为损坏的元器件，可先行将引线剪断，再行拆除，这样可减少其他损伤的可能性。

(4) 在拆焊过程中，应尽量避免拆动其他元器件或变动其他元器件的位置，如确实需要，要做好复原工作。

4.5.2　拆焊工具

常用的拆焊工具除普通电烙铁外还有镊子、吸锡绳和吸锡电烙铁等几种。

(1) 镊子以端头较尖、硬度较高的不锈钢为佳，用以夹持元器件或借助电烙铁恢复焊孔。

(2) 吸锡绳用以吸取焊接点上的焊锡。专用的价格昂贵，可用镀锡的编织套浸以助焊剂代用，效果也较好。

(3) 吸锡电烙铁用于吸去熔化的焊锡，使焊盘与元器件引线或导线分离，达到解除焊接的目的。

4.5.3　拆焊操作方法

拆焊仍然需要对原钎料进行加热，使其熔化，故拆焊中最容易造成元器件、导线和焊点的损坏，还容易引起焊盘及印制导线的剥落等问题，从而造成整个印制电路板的报废。因此掌握正确的拆焊方法显得尤为重要。

1. 拆焊的操作要点

(1) 严格控制加热的温度和时间。因拆焊的加热时间和温度较焊接时要长、要高，所以要严格控制温度和加热时间，以免将元器件烫坏或使焊盘翘起、断裂。宜采用间隔加热法来进行拆焊。

(2) 拆焊时不要用力过猛。在高温状态下，元器件封装的强度都会下降，尤其是塑封器件、陶瓷器件及玻璃端子等，过分的用力拉、摇、扭都会损坏元器件和焊盘。

(3) 吸去拆焊点上的焊料。拆焊前，用吸锡工具吸去焊料，有时可以直接将元器件拔下。即使还有少量锡连接，也可以减少拆焊的时间，减少元器件及印制电路板损坏的可能性。如果在没有吸锡工具的情况下，则可以将印制电路板或能移动的部件倒过来，用电烙铁加热拆焊点，利用重力原理，让焊锡自动流向烙铁头，也能达到部分去锡的目的。

2. 印制电路板上元器件的拆焊方法

印制电路板上的元器件，对需要保留元器件引线和导线端头的拆焊，要求比较严格，也比较麻烦。在距离允许的情况下可用吸锡工具先吸去被拆焊接点外面的焊锡再进行拆焊，吸锡时要注意不能影响其他不需要拆焊的元器件和连线，再通过分点拆焊和集中拆焊的方法进行拆焊。

(1) 分点拆焊法。包括分点横式拆焊法和分点竖式拆焊法。对卧式安装的阻容元器件，两个焊接点距离较远，可采用电烙铁分点加热，逐点拔出。如果引线是折弯的，则应用烙铁头撬直后再行拆除，如图 4-27(a)和(b)所示。

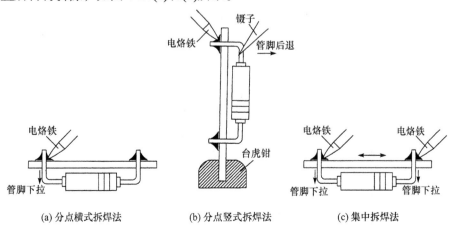

(a) 分点横式拆焊法　　　　(b) 分点竖式拆焊法　　　　(c) 集中拆焊法

图 4-27　印制电路板上元器件的拆焊方法

(2) 集中拆焊法。像晶体管以及直立安装的阻容元器件，焊接点距离较近，可用电烙铁同时快速交替加热几个焊接点，待焊锡熔化后一次拔出，如图 4-27(c)所示。

若被拆焊点上的元器件引线及导线留有重焊余量，或确定元器件已损坏，则可沿着焊接点根部剪断引线，再用上述方法去掉引线头。

4.6 表面安装方法与工艺

4.6.1 认识 SMT 元器件

SMT(surface mounted technology)元器件即表面安装元器件，又称为贴片状元器件，是无引线或短引线的新型微小型元器件。SMT 元器件的结构、尺寸及包装形式都与传统 THT 元器件不同，其尺寸不断以小型化、小功率化为主(如图 4-28 所示)。

SMT元器件介绍

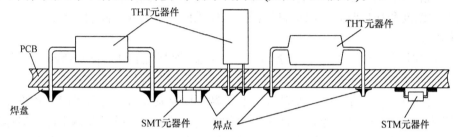

图 4-28 THT 元器件与 SMT 元器件结构图

表面安装元器件按照外形可分为矩形片式、圆柱形和异形三种；按照元器件功能可分为无源元器件 SMC(surface mounting component)和有源元器件 SMD(surface mounting device)两大类。各种无源元器件和有源元器件的分类如表 4-2 所示。

表 4-2 各种无源元器件和有源元器件分类

类别		矩形	圆柱形
无源元器件 (SMC)	表面安装电阻器	厚膜电阻、薄膜电阻、热敏电阻	碳膜、金属膜电阻
	表面安装电容器	薄膜电容、云母电容、微调电容、陶瓷独石电容、恒电解电容	陶瓷电容、恒电解电容
	表面安装电位器	电位器、半可调电位器	
	表面安装电感器	线绕电感、叠层电感、可变电感	线绕电感
	表面安装敏感元件	热敏电阻、压敏电阻	
	表面安装复合元件	电阻网络、滤波器、谐振器	
有源元器件 (SMD)	小型封装二极管	塑封二极管、变容二极管、稳压二极管	玻封二极管、塑封二极管
	小型封装晶体管	塑封 PNP\NPN 场效应管	
	小型集成电路	扁平封装、芯片载体	
	裸芯片	带状封装、倒装焊芯片	

1. 无源元器件 SMC

无源表面贴装元器件包括表面贴装电阻、电容、电位器、电感、开关、连接器等。使用最广泛的是片状电阻和电容。

片状电阻和电容的类型、尺寸、标称值、温度特性、允差等，目前还没有统一标准，各生产厂商表示的方法也不同，我国目前市场上的阻容元件以公制代码表示外形尺寸。

1) 片状电阻器

片状电阻器基体采用氧化铝陶瓷基板，表面为印刷电阻浆料，烧结形成电阻薄膜，蚀刻出电阻值，并采用玻璃釉保护层覆盖，厚度约为 0.5～0.6mm。常规片状电阻参数对照表如表 4-3 所示。

表 4-3　常规片状电阻参数对照表

封装		长度 L/mm	宽度 W/mm	端点 T/mm	功率 P/W	耐压/V
英制	公制					
0201	0603	0.6	0.3	0.15	1/20	100
0402	1005	1.0	0.5	0.25	1/16	100
0603	1608	1.6	0.8	0.35	1/10	100
0805	2012	2.0	1.25	0.50	1/8	100
1206	3216	3.2	1.6	0.50	1/4	200
1210	3225	3.2	2.5	0.50	1/3	200
2010	5025	5.0	2.5	0.64	3/4	200
2512	6432	6.3	3.2	0.64	1	200

片状电阻的标识方法：一般采用数码法直接标在元件上，标识阻值小于 10Ω 用 R 代替小数点，例如：4R7 表示 4.7Ω、R20 表示 0.2Ω；m 代表单位为毫欧姆的电阻，例如：4m7 表示 4.7mΩ；0Ω 为跨接片，允许流过的最大电流为 2A。片状电阻器结构如图 4-29 所示。

2) 片状电容器

普通片状电容器基体主要采用陶瓷叠片独石结构，一般厚度约为 1.6～4.0mm，其结构如图 4-30 所示，依据陶瓷的类型不同分为 3 种。

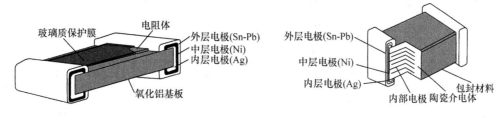

图 4-29　片状电阻器结构　　　　图 4-30　片状陶瓷电容器结构

I 型陶瓷(NPO)：性能稳定，损耗小，主要用于高频高稳定场合。

II 型陶瓷(X7R)：性能较稳定，损耗较小，主要用于中低频场合。

III 型低频陶瓷(Y5V)：稳定性差，比容大，主要用于容量、损耗要求不高的场合。

片状电容器也采用数码法表示，但电容表面无标识，不同容值的电容器陶瓷颜色有一定差异，外形代码与片状电阻含义相同，如表 4-3 所示，注：电容的偏差、耐压、功率等值的表示方法与电阻不同。

除普通片状电容外还有片状钽电解电容器、片状铝电解电容器、片状薄膜电容器、片状云母电容器等。

3) 片状电感

片状电感种类繁多，封装形式及内部结构也大不相同，在设计和使用中可以查询相关的数据手册和生产厂家提供的详细资料。如图 4-31 所示为常用片状电感实物图。

图 4-31　片状电感实物图

2. 有源元器件 SMD

SMD 器件包括表面安装分离器件(二极管、三极管、场效应管和晶闸管等)和集成电路两大类。

1) SMD 分离器件

SMD 二极管有塑封二极管和无引线柱形玻璃封装二极管。SMD 短引线晶体管常用的封装形式有 SOT23、SOT143、SOT89 和 TO252 四种。常用 SMD 分离器件的封装形式及对应的器件型号等信息如表 4-4 所示。

表 4-4　常用 SMD 器件封装形式

封装	型号	引脚描述	Layout 尺寸	外形
DO214	SS34	Cathode┃Anode	.108(2.75) .128(3.25) .260(6.60) .280(7.11) .220(5.59) .245(6.22)	SS34
LL34	1N4148	Cathode┃Anode	1.50 3.50 0.45	
SOT23	S9015	VOUT 3 VIN ADJ GND	.122(3.1) .118(3.0) .016(0.4) .056(1.43) .052(1.33) .037(0.95) .037(0.95)	M6

续表

封装	型号	引脚描述	Layout 尺寸	外形
SOT143	MAX811			
SOT89	78L05			
TO252	78M05			

2) SMD 集成电路

表面安装集成电路的主要封装方式有小外形塑料封装(SOP 或 SOIC)、芯片载体封装(COB)、方形扁平封装(QFP)、球栅阵列封装(BGA)等，如图 4-32 所示。

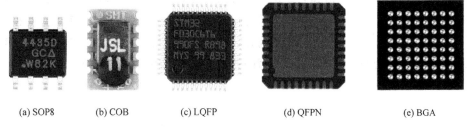

| (a) SOP8 | (b) COB | (c) LQFP | (d) QFPN | (e) BGA |

图 4-32　SMD 的主要封装图

其中，SOP 集成电路结构如图 4-33 所示，其引线形状有翼型引线、J 型引线和 I 型引线，如图 4-34 所示。

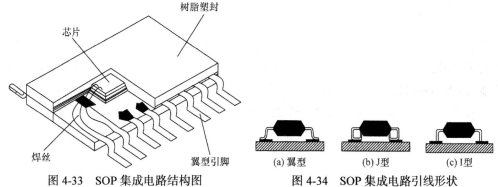

图 4-33　SOP 集成电路结构图　　　　图 4-34　SOP 集成电路引线形状

球栅阵列封装被称为新型的封装技术，简称 BGA(ball grid array)，是指在器件底部以球形栅格阵列作为 I/O 引出端的封装形式，BGA 集成电路的引线从封装主体的四侧扩展到整个平面，有效地解决了方形扁平封装引线间距缩小到极限的问题。BGA 主要分为塑封 BGA(P-BGA)、倒装 BGA(F-BGA)、载带 BGA(T-BGA)、陶瓷 BGA(C-BGA)。BGA 的结构是在基板背面按阵列方式制造出球形触点代替引线，在基板正面装配芯片，如图 4-35 所示。

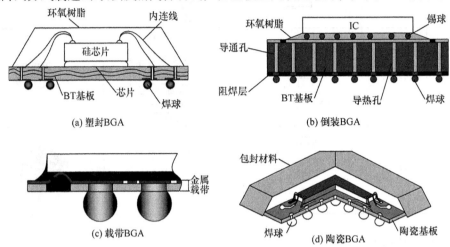

图 4-35   BGA 结构的分类

BGA 上的锡球，分为无铅和有铅两种。有铅锡球熔点在 183～220℃，无铅锡球熔点在 235～245℃；裸芯片组装是将大规模集成电路的芯片直接焊接在电路基板上，焊接方法有板载芯片(COB)、载带自动键合(TAB)、倒装芯片(FC)等。其中，FC 制成焊球电极的贴片方法是将裸芯片倒置在 SMB 基板上，用再流焊焊接，FC 结构如图 4-36 所示。

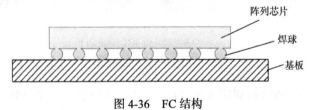

图 4-36   FC 结构

4.6.2   SMT 表面安装技术

表面安装技术是一种将无引线或短引线的元器件用贴装机直接贴装在印制电路板表面的安装技术，是目前先进电子制造技术的重要组成部分。SMT 元件的高密度、高可靠性、高性能、高效率和低成本打破了传统的通孔安装方式，尺寸减小到 THT 元件的 10%～30%，重量减轻 60%，抗震能力和焊点可靠性都得到进一步增强，更适合自动化生产，成本下降 30% 以上。SMT 表面安装元件电路板组装方式如表 4-5 所示。

表 4-5 SMT 表面安装元件电路板组装方式表

组装方式		示意图	电路基板	焊接方式	特征
全表面安装	单面表面安装		单面 PCB 陶瓷基板	单面再流焊	工艺简单，适用于小型、薄型简单电路
	双面表面安装		双面 PCB 陶瓷基板	双面再流焊	高密度组装、包型化
单面混装	SMD 和 THC 都在 A 面		双面 PCB	先 A 面再流焊，后 B 面波峰焊	一般采用先贴后插，工艺简单
	THC 在 A 面 SMD 在 B 面		单面 PCB	B 面波峰焊	PCB 成本低，工艺简单，先贴后插。如果先插后贴则工艺复杂
双面混装	THC 在 A 面 A、B 两面都有 SMD		双面 PCB	先 A 面再流焊，后 B 面波峰焊	适合高密度组装
	A、B 两面都有 SMD 和 THC		双面 PCB	先 A 面再流焊，后 B 面波峰焊，B 面插装件安装后再波峰焊	工艺复杂，很少采用

4.6.3 SMT 表面装工艺流程

1. 采用波峰焊的表面安装工艺流程

波峰焊有单波峰焊和双波峰焊。单波峰焊用于 SMT 时，由于焊料的"遮蔽效应"容易出现较严重的质量问题，如漏焊、桥接和焊缝不充实等缺陷。而双波峰焊则较好地克服了这个问题，能大大减少漏焊、桥接和焊缝不充实等缺陷，因此目前在 SMT 工艺中广泛采用双波峰焊工艺和设备。双波峰焊示意图如图 4-37 所示。

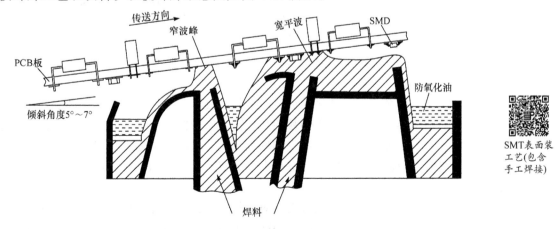

SMT 表面装工艺(包含手工焊接)

图 4-37 双波峰焊接示意图

采用波峰焊的表面安装工艺流程是：点胶→表面贴装元件贴片→红外线加热固化→翻转→插入分立元件→预涂助焊剂→预热(温度 90～100℃)→波峰焊(220～240℃)→清洗→检测，如图 4-38 所示。

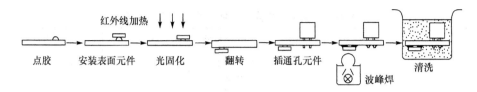

红外线加热 ↓↓↓

点胶　→　安装表面元件　→　光固化　→　翻转　→　插通孔元件　→　波峰焊　→　清洗

图 4-38　波峰焊工艺流程图

1) 点胶

点胶是将贴片胶涂敷到印制电路板的片式元器件底部或连接缘位置的工艺。其目的是预先将元器件暂时固定在印制电路板相应的焊盘上，避免焊接时元器件偏移或脱落。点胶通常位于 SMT 生产线最前端。

2) 贴片

贴片是将表面贴装元器件贴放在印制板点胶的位置上。贴片方法有手动贴片、半自动贴片、全自动贴片三种。

3) 表面贴装元器件固化

进行远红外加热固化，将表面贴装元器件牢固地粘接在焊接面上，并翻转电路板。

4) 插装通孔元器件

表面贴装元器件固化后，将通孔元器件插装在安装孔中。

5) 预涂助焊剂

预涂助焊剂目的是除去 PCB 和元器件焊接表面的氧化层和防止焊接过程中再氧化。助焊剂的涂覆要均匀，尽量不产生堆积，否则将导致焊接短路或开路。预涂助焊剂的方法有喷雾式、喷流式和发泡式，目前一般使用喷雾式。免清洗助焊剂中固体含量少，不挥发含量仅有 1/20～1/5，因此采用免清洗助焊剂。采用喷雾式方法涂覆助焊剂，同时在焊接系统中增加防氧化系统，保证在 PCB 上得到一层均匀细密且薄的助焊剂涂层，避免因第一个波的擦洗作用和助焊剂的挥发造成助焊剂量不足，而导致焊锡桥接和拉尖。喷雾式有两种方式：一是采用超声波击打助焊剂，使其颗粒变小，再喷涂到 PCB 板上；二是采用微细喷嘴在一定空气压力下喷雾助焊剂，这种方式喷涂均匀、粒度小、易于控制，喷雾高度、宽度可自动调节，是今后的主要发展方式。

6) 预热

助焊剂中的溶剂成分在通过预热器时，将会受热挥发，从而避免溶剂成分在经过液面时高温气化造成炸裂，防止产生锡粒的品质隐患。待浸锡产品搭载的端子在通过预热器时缓慢升温，可避免过波时因骤热产生的物理作用造成端子损伤。预热后的端子在经过波时不会因自身温度较低导致大幅度降低焊点的焊接温度，从而确保焊接在规定的时间内达到温度要求。

波峰焊机中常见的预热方法有空气对流加热、红外加热器加热、热空气和辐射相结合的方法加热。一般预热温度为 130～150℃，预热时间为 1～3min。预热温度控制得好，可防止虚焊、拉尖和桥接，减小焊料波对基板的热冲击，有效地解决焊接过程中 PCB 板翘曲、分层、变形问题。

7) 焊接

焊接一般采用双波峰焊接方式，如图 4-37 所示。在波峰焊接时，PCB 板先接触第一个波，然后接触第二个波。第一个波是由窄喷嘴喷流出流速快的"湍流"波，对组件有较高的垂直压力，使焊料对尺寸小、贴装密度高的表面组装元器件的焊端有较好的渗透性。通过湍流的熔融焊料在所有方向擦洗组件表面，提高了焊料的润湿性，并克服了由于元器件的复杂形状和取向带来的问题。同时也克服了焊料的"遮蔽效应"，湍流波向上的喷射力足以使焊剂气体排出。因此，即使 PCB 板上不设置排气孔也不存在焊剂气体的影响，从而大大减小了漏焊、桥接和焊缝不充实等焊接缺陷，提高了焊接可靠性。经过第一个波的产品，因浸锡时间短以及焊件自身的散热等因素，浸锡后存在很多短路、锡多、焊点光洁度不正常以及焊接强度不足等不良影响。因此，必须进行浸锡不良的修正，这个动作由喷流面较平较宽阔、波较稳定的二喷流进行。第二个波是"平滑"的波，流动速度慢，有利于形成充实的焊缝，同时也可有效地去除焊端上过量的焊锡，并使所有焊接面上焊锡润湿良好，修正了焊接面，消除了可能的拉尖和桥接，获得充实缺陷的焊缝，确保了组件焊接的可靠性。

8) 冷却

电路板经过波峰焊浸锡后，进行适当的冷却有助于增强焊点接合强度，同时，冷却后的产品更利于炉后操作人员的作业，因此，浸锡后 PCB 板需进行冷却处理。

2. 采用再流焊的表面安装工艺流程

再流焊也叫回流焊，是随微型化电子产品的出现而发展起来的焊锡技术，主要应用于各类表面组装元器件的焊接。再流焊的核心环节是利用外部热源加热，使焊料熔化而再次流动润湿，完成电路板的焊接过程。由于再流焊仅在元器件的引脚下有很薄的一层焊料，因而具有节省焊料、一致性好、质量好、效率高、操作方法简单的特点，非常适合自动化生产和电子产品的自动化装配，是目前 SMT 电路板组装的主流技术之一。

如图 4-39 所示为采用再流焊的表面安装工艺流程，工艺主要分为以下几步。

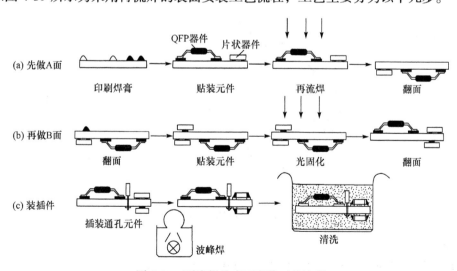

图 4-39　再流焊的表面安装工艺流程

(1) 准备 SMT 钢网模板。根据所设计的 PCB 准备加工模板，一般模板分为化学腐蚀铜模板(价格低，适用于小批量、试验且芯片引脚间距＞0.65mm)、激光切割不锈钢模板(精度高、价格高，适用于大批量、自动生产线且 0.3mm≤芯片引脚间距≤0.5mm)。

(2) 锡膏印刷。用刮刀将锡膏漏印到 PCB 的焊盘上，为元器件的贴装做前期准备。所用设备为丝印机(自动、半自动丝网印刷机)或手动丝印台，位于 SMT 生产线的前端。

(3) 贴片。将表面贴装元器件准确安装到 PCB 的固定位置上。所用设备为贴片机(自动、半自动或手动)，真空吸笔或专用镊子，位于 SMT 生产线中丝印机后。

(4) 回流焊接。作用是将焊锡膏熔化，使表面贴装元器件与 PCB 牢固焊接在一起，以达到设计所要求的电气性能。所用设备为回流焊机(全自动红外/热风回流焊机)，位于 SMT 生产线中贴片机后。

(5) 线路板清洗。将贴装好的 PCB 上面的影响电性能的物质或对人体有害的焊接残留物(如助焊剂等)除去，若使用免清洗焊料一般可以不用清洗。清洗所用设备为超声波清洗机或专用清洗液清洗，位置可以不固定，可以在线，也可不在线。

(6) 线路板检测。是对贴装好的 PCB 进行装配质量和焊接质量的检测。所用设备有放大镜、显微镜、在线测试仪(ICT)、飞针测试仪、自动光学检测仪(AOI)、X-RAY 检测系统及功能测试仪等。

(7) 线路板返修。对检测出现故障的 PCB 进行返工修理。所用工具为烙铁及返修工作台等。

3. BGA 焊接工艺流程

如图 4-40 所示为型号 ZM-R7830 BGA 返修台结构图，我们基于此类 BGA 返修台设备介绍 BGA 焊接工艺流程。BGA 焊接工艺主要包括拆卸 BGA 和贴装 BGA。

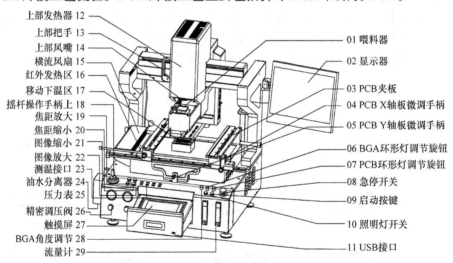

图 4-40   ZM-R7830 BGA 返修台结构图

1) 拆卸 BGA

一般返修 PCB 时才需要拆卸 BGA，拆卸前需要将 PCB 预热，恒温烘箱温度一般设定在 80～100℃，时间为 12～24h，以去除 PCB 和 BGA 内部的潮气，避免拆卸、返修加热时产生爆裂现象。需使用仪器拆卸模式，主要工艺流程是：开电源→上 PCB 板夹→红点对位→锁紧板夹→锁定头部→参数、模式设置→启动并拆下 BGA→焊盘清理。

(1) 开电源。开启电源使整机通电。

(2) 上 PCB 板夹。把 PCB 板的 BGA 焊盘位置对准下部加热器，把 PCB 板固定在设备 PCB 板夹上。

(3) 红点对位。手握头部调节把手，激光灯点亮，X/Y 轴磁性锁松开，移动头部在 X、Y 轴上运动，使激光灯照射在 BGA 的正中心。

(4) 锁紧板夹。锁紧 X 轴锁定螺丝，锁定 PCB 板夹。

(5) 锁定头部。手离开头部把手，X/Y 轴磁性锁定开关打开，锁定头部运动机构，激光灯灭。

(6) 设置运动、温度参数和工作模式。调节触摸屏进入温度参数设置画面，调用以前已存储的合适的运动、温度参数(如没有合适的参数，可以自行设定相关运动、温度参数)，再调试曲线画面将工作模式切换到"拆下"模式。

(7) 拆下 BGA。按"启动"按键，加热器向下做快速运动，同时头部吸笔向下运动至吸嘴下限位置。在距离 PCB 板 3～4cm 时头部加热器变为慢速运动，当加热器下降到设定"贴装位置"时(风嘴下部边缘距离 PCB 板 3～5mm)停止运动。吸嘴向上运动至上限位置，自动开启加热过程，加热完成后，吸笔下降，同时开始吸气动作。当吸嘴下降到"下限位置(吸嘴紧密贴合 BGA)，停止向下运动。延时 1s 后吸嘴吸住 BGA，转而向上运动至吸嘴上限位置停止。加热器向上运动，直到原点位置时停止。延时吸气 5s 后，吸气动作停止，转变为吹气动作，BGA 成功被释放，此时注意接住 BGA。

(8) 焊盘清理。PCB 的 BGA 焊盘清理，一是用吸锡线来拖平，二是用烙铁直接拖平。最好在 BGA 拆下的较短时间内去除焊锡，这时 BGA 还未完全冷却，温差对焊盘的损伤较小。在去除焊锡的过程中使用助焊剂，可提高焊锡活性，有利于焊锡的去除。特别要注意 PCB 焊盘不要损坏，为了保证 BGA 的焊接可靠性，在清洗焊盘残留焊膏时尽量使用一些挥发性较强的溶剂、洗板水或工业酒精。

2) 贴装 BGA

贴装 BGA 一般在 PCB 返修过程中的拆卸步骤后，贴装前需对 BGA 植球：在 BGA 焊盘上用排笔均匀涂上助焊膏，选择对应的植珠钢网，用植珠台将 BGA 锡珠种植在 BGA 对应的焊盘上。在锡珠焊接台上加热，将锡珠焊接在 BGA 的焊盘上。

焊接 BGA 时要选择贴装模式，主要工艺流程是：开电源→上 PCB 板夹→红点对位→锁紧板夹→锁定头部→上 BGA→设置→按"启动"按键→调节图像→复位并继续完成贴装过程。

(1) 开电源。开启电源使整机通电。

(2) 上 PCB 板夹并涂敷助焊剂。把 PCB 板的 BGA 焊盘位对准下部加热器，把 PCB 板固定在设备 PCB 板夹上。在 PCB 的焊盘上用排笔涂上一层助焊膏，焊膏涂抹一定要均匀适量，以去除 BGA 锡球上的灰尘杂质，增强焊接效果。

(3) 红点对位。手握头部调节把手，激光灯点亮，X/Y 轴磁性锁松开，移动头部在 X、Y 轴上运动，使激光灯照射在 BGA 的正中心。

(4) 锁紧板夹。锁紧 X 轴锁定螺丝，锁定 PCB 板夹。

(5) 锁定头部。手离开头部把手，X/Y 轴磁性锁定开关打开，锁定头部运动机构，激光灯灭。

(6) 上 BGA。把已经植球的 BGA 芯片放在 BGA 焊盘上。

(7) 设置运动、温度参数和工作模式。调节触摸屏进入温度参数设置画面，调用已存储的合适的运动、温度参数(如没有合适的参数，可以自行设定相关运动、温度参数)，再调试曲线画面将工作模式切换到"贴装"模式。

(8) 启动。按"启动"按键。上部加热器向下运动，同时头部吸笔向下运动至吸嘴下限位置。运动到设定"贴装位置"停止，开启吸气动作，BGA 被吸起。上部加热器向上运动回到上顶点(原点)，上部加热器接着向下运动到"光学位置"。光学系统自动出仓，此时在显示器中会呈现 BGA 下部焊盘和 PCB 板上对应焊盘两幅交错的图像。

(9) 调节图像。摇动控制摇杆，光学系统会按照要求在 X/Y 轴方向移动，选择"+"、"−"、"放大"、"缩小"调整光学系统的焦距，调节 PCB 板夹上 X、Y 轴微调旋钮和头部 BGA 微调旋转旋钮，使两幅图像的焊盘完全重合，至此对位过程准确完成。

(10) 复位并完成贴装过程。对位完成后，点击摇杆控制手柄的中间"复位"按键，光学系统做回仓动作。加热器向下运动，到达"贴装位置"，吸气动作停止，转变为吹气动作，将 BGA 准确的安放在对应焊盘上，执行加热动作。加热完成，头部加热器上升返回到原点位置。BGA 被焊接在 PCB 焊盘上，整个贴装过程完成。

4. 表面安装元器件手工焊接流程

手工焊接是表面贴装技术中的修复技术之一。由于 SMT 元器件间隙很小，因此，SMT 元器件对手工焊接的难度很大。下面介绍常见表面贴装元器件手工焊接的基本方法。

1) 片状元器件的焊接

片状元器件一般是贴片阻容元器件，焊接一般遵从以下过程。

(1) 先在一个焊点上焊锡并用电烙铁加热焊点，如图 4-41(a)所示。

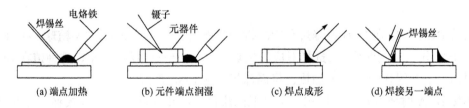

(a) 端点加热　　(b) 元件端点润湿　　(c) 焊点成形　　(d) 焊接另一端点

图 4-41　两端元器件的焊接

(2) 用镊子夹住元器件放在电路板焊盘的正上方，焊接元器件一端，焊料充分润湿元件端点和 PCB 板，如图 4-41(b)所示。

(3) 焊点成形后迅速移走电烙铁，如图 4-41(c)所示。

(4) 焊上一端后，检查元器件是否放正，焊接元器件的另一端，如图 4-41(d)所示。

2) 集成电路焊接

IC 芯片的手工焊接示意图如图 4-42 所示，焊接一般遵从以下过程。

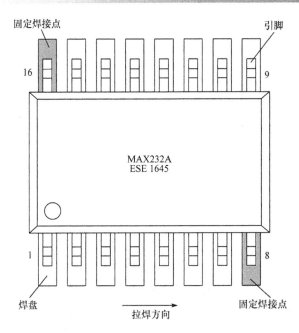

图 4-42 集成电路焊接的方法

(1) 焊接前在芯片所有焊盘上涂敷助焊剂，以免焊盘镀锡不良或被氧化造成不好焊接。

(2) 在电烙铁容易接触到的焊盘上涂上焊锡。

(3) 用镊子小心将芯片放置到 PCB 板上，保证芯片的放置方向正确并使其与焊盘对齐。

(4) 将电烙铁温度调整到 300℃左右，电烙铁头尖上沾取少量焊锡，用工具按住已对准位置的芯片，同时焊接两个对角位置上的引脚，使芯片固定不能移动。再次检查芯片的位置是否对准。

(5) 在芯片引脚上大面积堆满焊锡，用电烙铁尖接触芯片每个引脚的末端，进行拉锡操作，直到焊锡流入引脚。

(6) 用去锡丝带或松香配多股软细铜丝用电烙铁加热吸去多余焊锡。

(7) 用清洗剂或酒精清洗焊接后的 PCB。

4.7 焊接技术的发展趋势

现代电子焊接技术的发展有以下主要特点。

(1) 焊件微型化。

焊件微型化的特点主要得益于现代电子产品不断向微型化方向发展，电子产品的微型化促进了微型焊件焊接技术的发展。

(2) 焊接方法多样化。

随着焊接技术的不断发展，出现了很多新的电子焊接工艺，如惰性气体保护焊接、穿孔回流焊、无铅焊、免清洗焊接技术、无挥发有机化合物焊接技术和微组装技术等。

(3) 设计生产计算机化。

随着计算机辅助设计与制造的发展，在信息技术、自动化技术与制造的基础上，通过计算机技术把分散在产品设计制造过程中各种孤立的自动化子系统有机地集成起来，形成适用于多品种、小批量生产、实现整体效益的集成化和智能化制造系统，使制造业等多个产业都从各个工序的自动控制发展为计算机集中控制，计算机集成制造系统应运而生。

(4) 焊接过程绿色环保化。

目前电子焊接中使用的焊剂、焊料等在焊接过程和焊后不可避免地影响环境和人们的健康。较为环保的焊接工艺，如免清洗焊接技术、无挥发有机化合物焊接技术等的发展推动了焊接过程绿色环保化的进程。

总结与思考

本章从焊接的原理、分类、焊接材料、焊接工具、手工焊接技术、表面安装方法与工艺、表面元件贴装设备及表面元器件的手工焊接等方面较为详细地介绍了焊接工艺技术，同时对焊接质量分析和拆焊技术也有涉及。我们在充分利用现有焊接技术生产更高质量的电子产品的同时，也应该进一步研究开发焊接新技术，使焊接工艺向更高效、高质量、绿色环保的方向发展。

请读者思考以下问题。

(1) 焊接工具有哪些？如何进行选用？

(2) 手工焊接的五步操作法的具体步骤是什么？

(3) 手工焊接的技术要点有哪些？

(4) 导线和接线端子如何焊接？

(5) 如何分析焊接质量？

(6) 虚焊是怎么形成的？如何避免虚焊？

(7) 如何进行拆焊？

(8) SMT 元器件有哪些？

(9) 什么是 SMT 表面安装技术？

(10) 未来焊接技术将如何发展？

第 5 章　电路板设计与制作工艺

5.1　PADS 软件概述

5.1.1　PADS 简介

PADS(personal automated design system)系列软件最初由 PADS Software Inc.公司推出，几经易手，从 Innoveda 公司到 Mentor Graphics 公司，后成为了 Mentor Graphics 公司主打的电路原理图设计和 PCB 设计的工具软件。目前，该软件在电子电路设计行业中使用广泛，是三大主流 PCB 设计软件之一。PADS Layout/Router 环境因其具有强大的交互式布局布线功能和易学易用等特点，在通信、半导体、电子等工业领域得到了广泛应用。该软件支持完整的 PCB 设计流程，涵盖了从原理图设计、网表生成、规则驱动下的交互式布局布线、DRC/DFT/DFM 校验与分析，到文件生产(如 Gerber 文件)、文件装配及清单输出等步骤，确保 PCB 工程师能够高效率地完成设计任务。

当前，PADS 软件版本已从最初的 powerpcb2005，经过十几年的发展，已更新到 PADS VX.2.6 版本。

PADS VX.2.6
功能与特点

5.1.2　PADS VX.2.6 功能与特点

最新的 PADS VX.2.6 包含 32 位和 64 位两个版本，它功能强大，能满足复杂、苛刻的设计需求。PADS VX.2.6 具有丰富的功能模块、集成式约束管理、强大的热仿真和模拟仿真，可以完成原理图设计、元器件信息管理、约束管理等操作，为用户提供了一体化的印刷板设计解决方案。

PADS VX.2.6 的主要功能与特点如下。

(1) 原理图设计。拥有直观的项目管理、设计导航和电路层次化设计支持，以及先进的规则和属性管理工具。

(2) Layout 布局布线功能。利用 PADS 强大的 3D Layout 功能，可以轻松地设计各种从简单到复杂的印刷电路板，类型涵盖高速、高密度、模拟、数字以及射频电路。PADS 提供了轻松、高效完成布局和布线工作所需的全部要素，同时还能确保 PCB 设计符合目标要求。

(3) 约束管理。PADS 拥有功能强大且简单易用的约束管理系统，适用于创建、评审和验证 PCB 设计的约束条件。

(4) 分析功能。PADS 的 PCB 设计分析和验证采用的是 HyperLynx®技术，该技术以其高精度和简单易用的特点享誉全球。PADS 内置的分析工具使得 PCB 从设计到制造过程都得以最佳效率来保障。

(5) 库管理。PADS 库管理是通过单个电子表格来访问所有元器件信息，而无须担心数据冗余、多个库或耗时费力的工具开销，可维护最新且方便易用的元件数据库。PADS 还带有经过验证的启动库、免费的库转换器，以及用于生成符合 IPC 标准的封装向导。

(6) 归档管理。PADS 归档管理可节省整个设计流程的时间，以提高设计质量。用于生成设计报告，并对归档进行比较，以检查设计差别。

5.1.3 PADS 电路板设计流程

通常，使用 PADS 进行电子线路的设计流程如下。

(1) 准备。规划出系统功能、经济成本、PCB 大小、运行频率、布局布线要求及电磁兼容性问题等要素，通过 PADS Logic 建立文件，完成元件准备、进行逻辑关系验证等工作。

(2) 原理图设计。使用 PADS Logic 进行原理图设计。

(3) 原理图分析。生成网表，对原理设计进行前期错误分析和检查。

(4) 布局。将电路网表导入 PADS Layout 中，进行元件布局。

(5) 布线。通过 PADS Layout 和 PADS Router 进行布线。

(6) 验证。可通过 HyperLynx 进行 PCB 的仿真验证。

(7) 加工。完成 PCB 设计后，进行 CAM 输出制作 PCB 所需的光绘文件，然后到 PCB 工厂进行实物制造。

5.2 绘制电路原理图

5.2.1 元件图形设计

在使用 PADS 进行电子线路设计时，需在准备阶段完成元件的准备工作，本小节讲解如何进行元件图形设计。

1. 了解 PADS 元件库

不同的电路板设计软件对元器件库的管理有所不同。如图 5-1 所示，PADS 的库包含：线(lines)、逻辑(logic)、PCB 封装(decals)和元件(parts)。其中，"线"包含了一些符号形状、特殊形状和其他各种数据；"逻辑"包含了原理图元件的示意形状、端点信息和非字母数字引脚定义；"PCB 封装"包含了元件实体的形状、焊盘信息和分配引脚信息。在 PADS 中，一个完整的元器件由电路逻辑符号和 PCB 实际封装两部分构成缺少任何一部分，元器件都是不完整的，这也是 PADS 与其他电路设计软件的不同之处。相同逻辑符号的元件可能有不同的 PCB 封装，有相同 PCB 封装的元件在原理图中的逻辑符号也可能是不一样的。

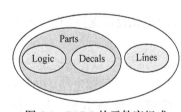

图 5-1 PADS 的元件库组成

打开 PADS Logic VX.2.6 ，选择菜单栏中的"文件"→"库"命令，弹出如图 5-2 所示的"库管理器"对话框，在该对话框中可以进行"新建库"、"管理库列表"等操作。在"库列表"界面，可以通过"添加"按钮加载元件库，通过"移除"按钮移除元件库。选择

"上"、"下"按钮可以设置"元件库"使用的优先级状态，如图 5-3 所示。

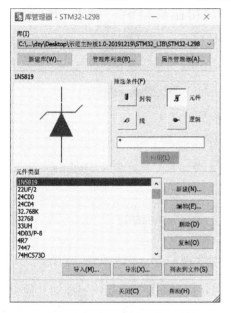 

图 5-2　"库管理器"对话框　　　　　　图 5-3　"库列表"界面

软件默认情况下，已经载入了常用的元件库。一般电阻、电容、二极管和三极管等元件位于 misc 库和 common 库中，常用接插件位于 connector 库中，用户可以查看、使用这些库中已有元器件。若这些库中没有设计需要的元件类型，则可自行制作元件，并保存到元件库中备用。

2. 创建 CAE 封装

元件类型由三种元素组成：①逻辑符号(logic symbol)，表示元件的逻辑功能；②PCB 封装(PCB decals)，表示元件的实际封装大小；③电气特性，如引脚的编号和门的分配等。

在 PADS 中，创建元件类型一般会先建立 PCB 封装，再建立 CAE 封装(即逻辑符号)。PCB 封装可以根据电子元器件的数据手册(datasheet)画出。在 5.3.2 节将会讲解创建 PCB 封装的步骤，在本节只调用已经设计好的 PCB 封装，直接创建 CAE 封装。

下面以项目使用的 A4950 芯片(SI-8 型号)为例，介绍怎样创建芯片类 CAE 封装。

1) 手工创建 A4950 芯片的 CAE 封装

打开 PADS Logic VX.2.6，选择菜单栏中的"工具"→"元件编辑器"命令，进入原理图元件："NEW_PART"元件创建界面。

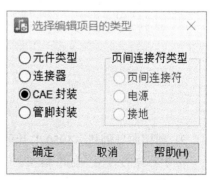

单击菜单栏中"文件"→"新建"命令，如图 5-4 所示，在弹出的"选择编辑项目的类型"界面选择"CAE 封装"，然后单击"确定"，进入 CAE 封装编辑器界面。

图 5-4　选择 CAE 封装

在 CAE 封装编辑器界面，单击"封装编辑工具栏"图标 → 单击"创建 2D 线"图标，右击，选择"矩形"，绘制芯片的矩形外框图。建立外框之后，单击"添加端点"图标，在图 5-5 中，选择元件的管脚类型，如选择"PIN"管脚类型，单击"确定"。

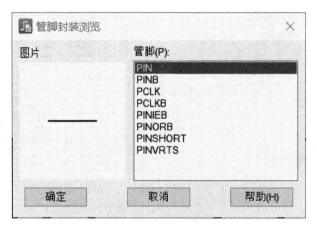

图 5-5　选择管脚类型

A4950 芯片(SI-8 型号)有 8 个引脚，可采用"分步和重复"功能快速添加其他引脚。在放置好第一个引脚后，右击→选择"分步和重复"选项→设置重复引脚的方向、数量和距离宽度，单击"确定"，如图 5-6 所示。

如果需要放置右侧的管脚，通过"添加端点"→右击→"X 镜像"→"确定"进行添加，直到添加完所有引脚。此时双击管脚，可以看到分布出来的元件管脚是连续分布的。如果想修改管脚编号排列顺序，就需要手动调整管脚位置，直到与数据手册保持一致。若单击菜单栏中"文件"→"另存为"命令，可将该 CAE 封装元件命名为"A4950"后退出，如图 5-7 所示为元件的 CAE 封装。

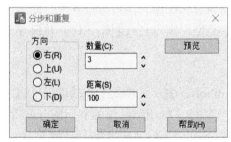

图 5-6　分步和重复设置

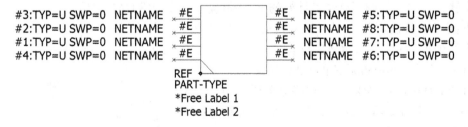

图 5-7　CAE 封装

2) 利用向导创建 A4950 芯片的 CAE 封装

由于芯片的封装为标准封装，可借助 CAE 封装向导创建。在 CAE 封装编辑界面，单击"封装编辑工具栏"→"CAE 封装向导"图标，进入"CAE 封装向导"界面，如图 5-8 所示，设置管脚长度、方框参数、左右上下管脚数量和封装类型。

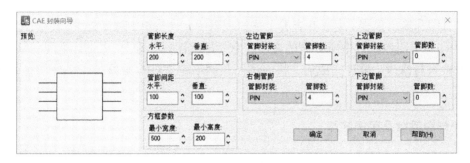

图 5-8　CAE 封装向导设置

若要修改管脚的顺序，可以手动选中管脚进行调整，也可单击封装编辑工具栏的"更改序号"图标▓▓→选中需要更改的管脚→输入新的管脚编号→确定即可。

利用向导创建的 A4950 芯片的 CAE 封装如图 5-9 所示。

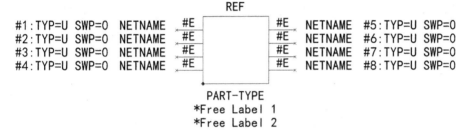

图 5-9　利用向导创建的 A4950 的 CAE 封装

5.2.2　原理图的设计流程

原理图的设计流程如下。

(1) 新建原理图文件。在 PADS 中，原理图的设计可以使用 PADS Logic 实现。首先需要构思好设计项目的主要构成部分，然后建立一个扩展名为.sch 的原理图文件。

(2) 设计参数和图纸设置。设计参数包括常规、设计、文本和线宽等参数的设置。图纸设置需要设计栅格宽度、显示栅格宽度并选择图纸尺寸等。

(3) 设置标题栏。可以使用系统自带的标题栏模板，也可以根据原理图的复杂程度和设计需要制作适合自己设计特点的标题栏。

(4) 加载和卸载元件库。元件一般保存在元件库中。在设计原理图前，需要分析原理图中所用到的元件属于哪个元件库，并将元件库添加到库列表中。但软件提供的元件库不可能涵盖所有的元器件封装。若库中没有设计需要的元件类型，则可按 5.2.1 节所讲自行制作元件类型，并保存到元件库中备用。

(5) 放置元器件并设置属性。从元件库中调取所需要的元器件，摆放到原理图工作区域，并对元器件的编号、封装、参数等属性进行设置。根据元器件之间的走线关系，将每个元器件移动到合适的位置。

(6) 原理图连线。根据实际电路的需要，在元器件之间布线，将原理图工作区域内的元器件通过有电气意义的导线连接起来，构成完整的电路原理图。

(7) 打印和输出报表。生成并查看上述原理图的元件清单、网表文件。其中，Layout 网表文件为印制电路板设计中所必需的文件，它是原理图设计和 PCB 设计之间联系的桥梁。

(8) 检查与修改。设计完成后，将原理图与网络表文件对照检查，修改原理图存在的错误。

5.2.3　原理图绘制及实例练习

原理图的绘制除遵循一般的设计流程外，也存在一些业界默认的规则。在绘制原理图时，往往要遵循这些规则：信号流的方向为自左向右，一般规定左侧为输入端子，右侧为输出端子；电源正侧在上，负侧在下；绘制电流的顺序为自上而下；同一模块的元器件应尽量靠近；充分利用总线、网络标号、电路端口等电气符号使原理图清晰明了；增加必要的注解，对数据值、功率值等进行注释说明等。

本节以第六届全国大学生工程训练综合能力竞赛"探索者杯"中的题目之一"物料搬运机器人"的主控板电路图设计为例，讲解如何绘制原理图，"物料搬运机器人"的主控板电路原理图如图 5-10 所示。

1. 新建原理图文件

在 PADS 中，原理图的设计可以使用 PADS Logic 进行。打开 PADS Logic，通过选择菜单中的"文件"→"新建"命令，创建一个原理图设计文件，然后单击"文件"→"另存为"命令，将该设计文件命名为"示范主控板 2.0.sch"并保存到相关位置，如图 5-11所示。

2. 进行设计参数和图纸设置

执行菜单命令"工具"→"选项"，打开如图 5-12 所示的设计参数设置界面，在该界面可进行常规、设计、文本、线宽的设置。在"常规"栏，用户通常需要设置设计栅格宽度和显示栅格宽度。在此例中，设计栅格被设置为 10，显示栅格被设置为 10，标签和文本尺寸被设置为 2。设计栅格宽度和显示栅格宽度也可以通过无模命令设置，直接输入"G10"和"GD10"即可。在"设计"栏，用户可以设置图纸的尺寸，此例中图纸尺寸被设置为 A4大小。

3. 设置标题栏

为了使原理图各部分的功能得以区分显示，此例采用了自制的各个功能的区分框和标题栏。在原理图编辑工具栏中单击"创建 2D 线"图标，进入绘制 2D 线操作命令，绘制区分框和标题栏。然后，再单击原理图编辑工具栏的"创建文本"图标，随即在弹出的对话框中输入需要放置的文本内容，单击"确定"，将文本放置在需要备注的位置。绘制完成的图纸标题栏和功能区分框如图 5-13 所示。

4. 加载和卸载元件库

根据前面的介绍，除 PADS 基本库中含有的元件外，还需要将其他所有用到的元件准备好并放置在自己建立的库中。本书已将此例设计所需要用到的元器件都保存到了库"Test_lib.pt9"中，并将该库添加到库列表中。

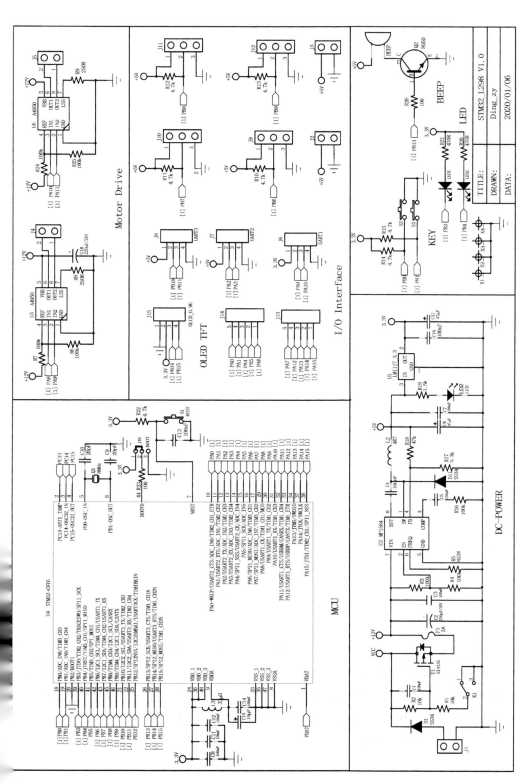

图5-10　"物料搬运机器人"的主控板电路原理图

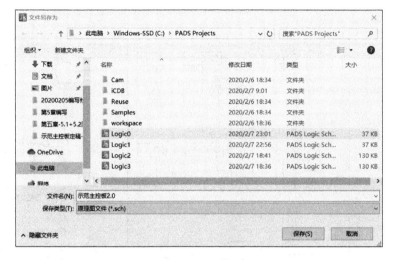

图 5-11　示范主控板.sch

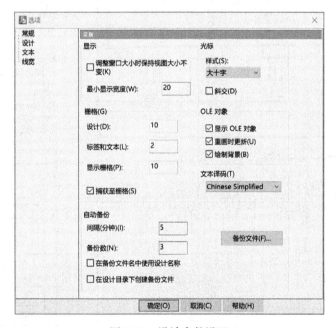

图 5-12　设计参数设置

5. 放置元器件

单击原理图编辑工具栏的"添加元件"图标 ，弹出"从库中添加元件"对话框，在相应库中找到相对应元件后点击"添加"按钮，即可拖动元件放置到理想位置。有时为了便于寻找某个元件，可在"筛选条件"栏上选择筛选库，在"项目"栏填入想搜索的元件名称(*为通配符)，然后单击"应用"按钮，便可进行元件的快速寻找，如图 5-14 所示。按此方法可将所有元件放置到图纸上。

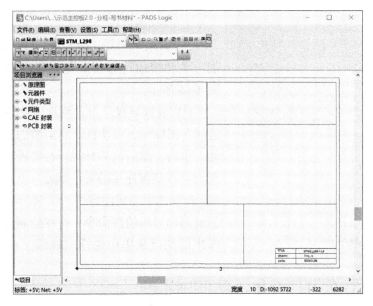

图 5-13　图纸功能区分框和标题栏

图 5-14　从库中添加元件

6. 设置元件属性

在原理图中元器件放置完成后，就可进行元器件的属性设置。在原理图空白处右击，在弹出的快捷菜单中单击"选择元件"命令，双击所选元器件(如 R1)，在弹出的"元件特性"对话框中，修改元件的"参考编号"、"类型"、"可见性"、"属性"及"PCB 封装"等参数，如图 5-15 所示。例如，想要修改 R1 的电阻值，可单击图 5-15 中的"属性"图标，进入"属性"对话框，修改 R1 元件的阻值为 1.5kΩ。用同样的方法，可设置电路的其他元器件参数。除设置元器件参数外，有时我们还需设置元器件编号的位置和显示方向等，这样有利于优化原理图的视觉效果，方便大家识别。

图 5-15　设置元器件属性

7. 原理图连线

原理图的连线包括放置导线、删除导线、添加电源和接地符号及设置页间连接符等操作，如图 5-16 所示。

(1) 放置导线。单击原理图编辑工具栏"添加连线"图标，移动鼠标到需添加连线的元件引脚处，单击，然后拖动导线，在需转折处单击，继续拖动导线到需连接的另一端处，单击完成导线的连接。若要在中途暂停导线的绘制，可在暂停处双击；若要退出导线绘制命令，可在绘制过程中右击，在弹出的快捷菜单中选择"取消"或直接按键盘的"Esc"键。

(2) 删除导线。在空白处右击，在弹出的快捷菜单中单击"选择连线"，在原理图编辑工具栏单击"删除"图标，单击需删除的导线即可，或直接选中需删除的导线，按下键盘的"Delete"。

(3) 添加电源和接地符号。在绘制导线过程中，右击，在弹出的快捷菜单中选择"电源"/"接地"，即可放置。

(4) 设置页间连接符。PADS 中的页间连接符可以连接同一张图纸中的不同页面或功能分区的元件，与 Altium Designer 软件中的"端口"作用相似。在绘制导线过程中，右击，在弹出的快捷菜单中选择"页间连接符"，即可放置。放置后设置标示名称，名称相同即为相连接。

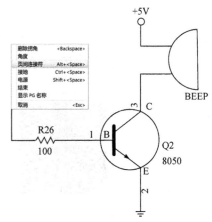

图 5-16　原理图连线

(5) 网络名设置。在原理图中，网络是 PCB 接线的电气连接。网络显示为将组件符号引脚连接到其他引脚或网络的线。绘制原理图时，标记出重要的网络，可便于在布局设计时清楚地识别它们。两个网络如果没有绘制为连接，但所具有的标签(即页间连接符)相同，这时它们也同样会被视为物理连接，后续在导入到 PCB 布局工具时，它们将处于相同的网络。若要进行网络名称的修改，可通过右击，在弹出的快捷菜单中再次单击"选择网络"，然后双击选中需改名的网络，就可在弹出的"网络特性"对话框中进行网络名称的设置。

8. 生成 PCB 网络表

在设计 PCB 时，可以在 PADS Logic 中生成网络表，然后导入到 PADS Layout 中进行布局和布线。其步骤为：单击标准工具栏中"PADS Layout"图标，打开"PADS Layout 链接"对话框→单击"设计"→选择"同步 ECO 至 PCB"按钮，如图 5-17 所示。此时，原理图设计过程中定义的规则将同步到 PCB 的设计过程中。如果打开 DRC，设计操作将受到这些规则约束。若原理图设计存在问题，则在点击"发送网表(N)"按钮时，会弹出名为"padsnet.err"的 PCB 网表错误报告。其中，该报告包含了设计与库元件的一致性检查、管脚网络警告和原理图连接性错误报告。设计者须按照错误的提示内容修改设计，直到错误报告中无错误提示为止。

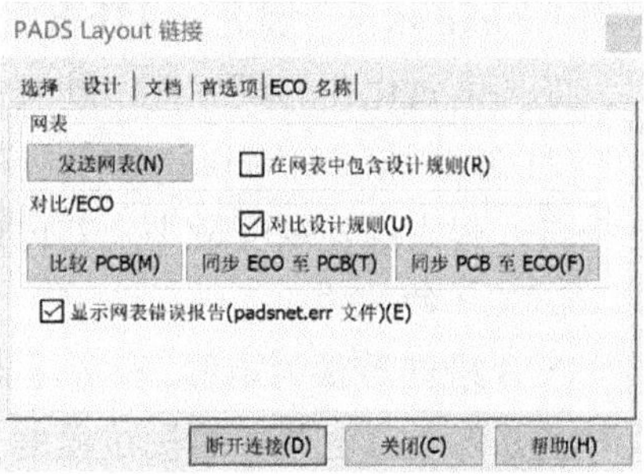

9. 打印和输出报表

(1) 原理图输出。单击菜单栏中的"文件"→"打印浏览"→弹出"选项"对话框，设置需要打印输出的项目→单击"打印"，即可打印输出设计的原理图。

图 5-17　PADS Layout 连接

(2) PDF 文档输出。单击菜单栏中的"生成 PDF"→输入生成 PDF"文件名"→选择存放地址→单击"确定"，即可输出所需的 PDF 设计文档。

(3) 材料清单输出。单击菜单栏中的"报告"→选择"材料清单"→单击"确定"，即可输出所需的材料清单。

另外，对于其他形式的输出在此不一一赘述。如需要，可仿照以上操作对应选择即可。

5.3　电路板设计

5.3.1　印制电路板的概念

印制电路板 PCB(printed circuit boards)又称印刷线路板，是电子元器件的支撑体，是电子元器件电气连接的载体。由于它是采用电子印刷术制作的，故又被称为"印刷"电路板。

1. PCB 的制作材料

PCB 的制作材料包括：①基底材料，采用黏结树脂将玻璃布或纸粘在一起，然后加热加压处理而成；②导线材料，采用金属铜或银；③防焊层，主要起防止铜面氧化和阻止焊接的作用，是一种油墨(油漆)；④焊点，起固定元器件作用，由焊锡焊接在焊盘上。

2. PCB 板的分类

(1) 单面板(single-sided boards)：单面板是最基本的 PCB 板，元器件集中在板的一面，而导线则集中在另一面。单面板在设计线路上存在许多严格的限制(布线间不能交叉)。

(2) 双面板(double-sided boards)：PCB 板的两面都有布线。过孔(via)可将两面的导线相连接。双面板的布线面积比单面板大了一倍，上下层布线可以互相交错，更适合用于复杂电路。

(3) 多层板(multi-sided boards)：针对更复杂的电路应用需求，则需要多层板。在多层板中，电路被布置成多层的结构并压合在一起，并在层间设置盲埋孔，连通各层电路。

3. PCB 制作工艺

(1) 加成法(semi-additive)技术：可让其布线设计(trace)宽度减为常规布线宽度的一半，

达到 1.25mil 水准。因此，可让电路装配密度更大，从而进一步简化生产工序、提高生产效率、提高金属化孔的可靠性，能制造出高精密度的 PCB 板。

(2) 减成法(subtractive)技术：在覆铜箔层表面上，有选择性的除去部分铜箔来获得导电线路，布线设计宽度最小公差可达 0.5mil 以内。其优点是工艺成熟、稳定和可靠。

4. PCB 的尺寸

PCB 最佳形状为矩形，长宽比为 3:2 或 4:3。当尺寸大于 200mm×150mm 时，设计 PCB 板时就要需考虑电路板的机械强度了。通常电路板边缘的电子元器件距离电路板边缘一般不小于 2mm。

5. 电路板的组成

电路板主要由导线、过孔、焊盘、安装孔、元器件、接插件、填充及电气边界等元素组成。

(1) 导线。导线是连接元器件引脚的电气网络铜膜，其单位有 mm 和 mil 两种。导线的宽度与导线负载电流、允许的温升和铜箔的附着力有关。导线越宽载流量越大，温升越大。地线宽度一般为 0.51～2.03mm(20～80mil)；电源线宽度一般为 0.51～1.27mm(20～50mil)；信号线宽度一般为 0.1～0.3mm(4～12mil)。

(2) 过孔。过孔是用于连接不同板层之间的导线。过孔内侧一般由镀铜连通，用于元器件的引脚插入。过孔可分为穿透式过孔、盲过孔和隐藏式过孔三种。

(3) 焊盘。焊盘用于将元器件的引脚焊接固定在 PCB 上完成电气连接。焊盘在 PCB 制作时预先布上锡，且不被阻焊层所覆盖。焊盘的形状通常有圆形、矩形、正八边形和圆角矩形四种。

6. 元器件的封装

元件封装是指元件的外形结构、尺寸及引脚形式。元件封装是实际零件焊接到电路板上时所指示的外观和焊点的位置。元件封装不仅起着安装、固定、密封、保护芯片及增强电热性能等方面的作用，而且还通过导线将封装引脚与印刷电路板上的其他器件电气相连。不同的元件可共用同一封装，同种元件也可有不同的封装。

5.3.2　PADS Layout 元件封装的制作

PADS元件
库的操作

1. PADS 元件库的操作

打开 PADS Layout，选择菜单栏的"文件"→"库"命令，在弹出的"库管理器"对话框中选择"管理库列表"按钮，则可添加设计的库文件；如果选择"新建库"按钮，则可新建元件库，如图 5-18 所示。

新建库步骤：单击"新建库"→修改存放目录→键入"文件名"→单击"保存"后退出，在 PADS 中元件库文件的扩展名以".pt9"结尾。在本例中，将新建元件库的名称命名为 Test_lib.pt9，如图 5-19 所示。

图 5-18   "库管理器"对话框

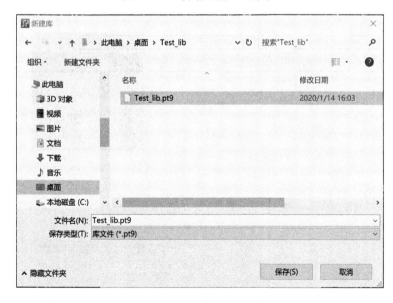

图 5-19   "新建库"对话框

为了使用方便，自建库将被移动到库顶端，其执行步骤：单击"管理库列表"→单击"添加"→选择库文件存放的路径→选择"Test_lib.pt9"→单击"上"按钮向上移动→移动到顶端。如果库文件太多，可以选择"移除"按钮来移除不经常使用的库，如图 5-20 所示。

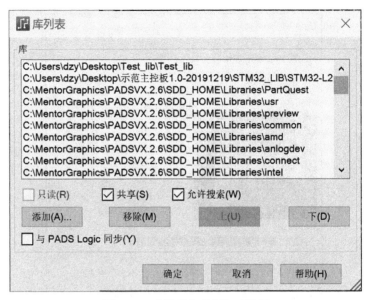

图 5-20   "管理库列表"对话框

2. 使用向导建立 PCB 封装

PCB 元件有标准和非标准两种形式。对于标准的元器件可以使用"PCB 封装编辑器"建立 PCB 封装，其步骤为：单击菜单栏中的"工具"→"PCB 封装编辑器"命令，打开"PCB 封装编辑器"对话框，进入元器件封装编辑环境，单击"标准"工具条的"绘图工具栏"图标 ，单击"向导"图标 ，弹出 Decal Wizard 对话框，如图 5-21 所示。

使用向导
创建PCB
封装

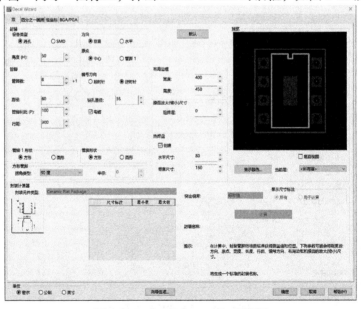

图 5-21   "Decal Wizard"对话框

以 A4950 电机驱动芯片为例，制作一个 8 管脚的 PCB 元件封装，单击"封装"→"设备类型"选项下的"SMD"，方向选择"垂直"，封装元件类型选"SOIC"，单位选"公制"，其他参数设置如图 5-22 所示。一个标准的 8 管脚的元件封装就建立好了，单击"确定"，单击"文件"→退出"PCB 封装编辑器"，选择保存封装，命名为 A4950_SOIC 后退出。

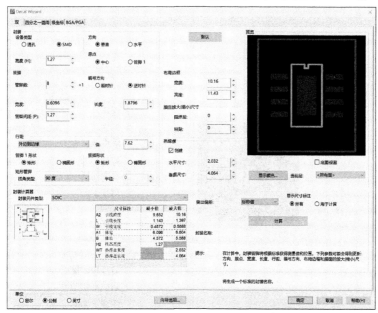

图 5-22　"A4950 元件"新建对话框

3. 手工建立 PCB 封装

对于非标准元件，可以手工建立 PCB 封装。以 AM1117-3.3V 稳压芯片为例，制作一个 SOT223 的 PCB 元件封装。具体步骤如下。

(1) 进入元件封装编辑环境。单击菜单栏中的"文件"→"库"，弹出库管理器界面，然后单击"筛选条件"栏下的"封装"图标，单击"新建"命令，打开"PCB 封装编辑器"对话框，进入元器件封装编辑环境。

(2) 建立 1 号管脚。单击"标准"工具条的"绘图工具栏"图标，在"绘图工具栏"中单击"端点"图标，弹出"添加端点"对话框，管脚类型选择"表面贴装"，单击"确定"，如图 5-23 所示。此时在元器件封装编辑环境中单击，则建立了 1 号管脚。

(3) 设置管脚焊盘栈特性。双击上面新建的 1 号管脚，在弹出的"端点特性"对话框单击"焊盘栈"图标，进入"管脚的焊盘栈特性"设置界面，单击"形状、尺寸、层"设置"焊盘样式"→焊盘形状选择，宽度 45mil，长度 65mil，方向 90.00°，单击"确定"。如图 5-24 所示。

(4) 建立 2、3、4 号管脚。单击选中设置好的 1 号管脚，然后右击，如图 5-25 所示。选

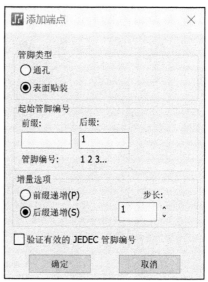

手工创建
PCB封装

图 5-23　新建元件端点

择快捷菜单栏的"分布和重复"，在"线性"栏下方向选择"右"，数量选择"2"，距离输入"91"，单击"确定"，就分布重复了 2、3 号管脚，如图 5-26 所示。

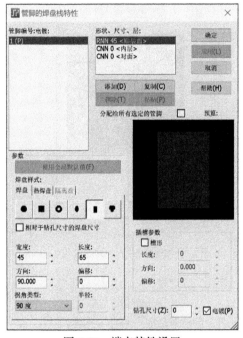

图 5-24　端点特性设置

图 5-25　端点右键菜单

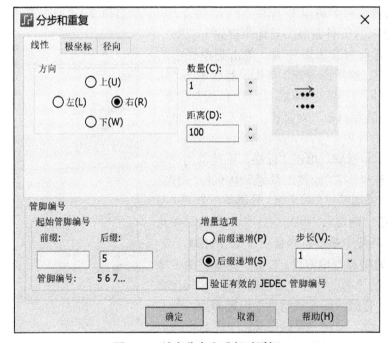

图 5-26　端点分布和重复对话框

上述建立的管脚 1、2、3 中，如果某个管脚需要特殊编辑，也可以对管脚进行异形设

计、管脚交换等操作。然后按照建立管脚 1 的方法建立管脚 4，注意管脚 4 的焊盘栈特性
与管脚 1 的区别。

　　(5) 形成完整元件并保存。元件所有管脚做好以后增加
丝印框，单击 "2D 线" 图标 绘出异形元件的外框形状，也
可以标注外框的尺寸，最终形成一个完整的元件，然后单
击 "文件" → "封装另存为" 命令，保存封装到指定文件
目录，图 5-27 为绘制完成的元件封装。

　　注意：在设计过程中，会有很多不规则的异形焊盘，异
形焊盘的设计过程为：单击 "绘图" 工具栏中的 "铜箔" 图
标 ，绘制一个异形铜箔，但此时该管脚铜箔没有融为一体，
选择两个对象，右击在弹出的快捷菜单中选择 "关联" 命令，

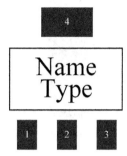

图 5-27　元件绘制完成后形状

如图 5-28 所示。然后再单击绘制铜箔，两者就融为一体，此时绘制铜箔与元件管脚颜色变
为一致，这样就形成一个异形焊盘，如图 5-29 所示。异形焊盘在设计特殊电路时使用比较
多，设计方式也比较简单。

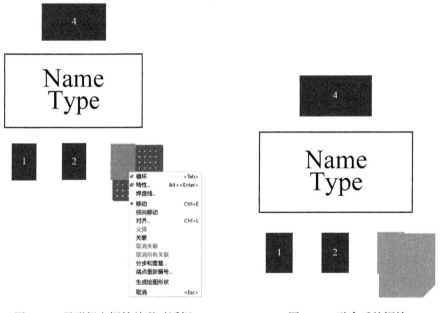

　　图 5-28　异形焊盘铜箔关联对话框　　　　　　　图 5-29　融合后的铜箔

4. 建立元器件类型

　　在 PADS 系统中，一个完整的元件包含元器件封装和元器件类型。元器件封装包含 CAE
封装和 PCB 封装，不管是建立 CAE 封装还是 PCB 封装，如果不建立两者之间的元器件类
型，则无法调用及使用该封装。PADS 规定一个元器件类型可以包含 4 个 CAE 封装和 16
个 PCB 封装，这是因为在绘制电路时元件系统的使用有区别，同一型号的元件对应有多种
规格的封装形式。

　　在 PADS Logic 或者是 PADS Layout 中均可以建立元器件类型，因为元器件类型包含

图 5-30　"库管理器"对话框

CAE 封装和 PCB 封装,它们建立的先后顺序没有关系,但是两者建立完成之后必须要分配对应的元器件类型,我们前面建立了 A4950 元件 PCB 封装,下面介绍如何建立其相应的元器件类型,具体步骤如下。

(1) 在"文件"菜单中选择"库"命令,打开"库管理器"对话框,如图 5-30 所示。

(2) 在"库管理器"对话框中,单击"筛选条件"栏里的"元件"图标→选择"新建",系统弹出"元件的元件信息"对话框,在"常规"选项卡里"逻辑系列"选择"SOP",默认参考前缀为"U",如图 5-31 所示。

(3) 在"库管理器"对话框中单击"PCB 封装"选项卡,在"筛选条件"栏中输入"A*"单击"应用",再选中"未分配的封装"栏中前面设计的 A4950→单击"分配"→单击"确定",如图 5-32 所示。

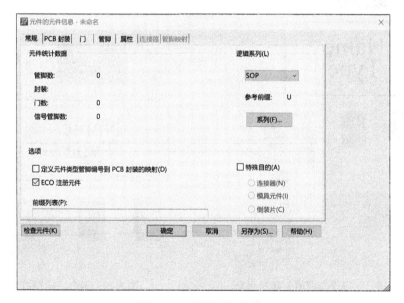

图 5-31　元件信息对话框

(4) 在"库管理器"对话框中单击"门"选项卡,单击"添加"→双击"CAE 封装 1"下面空白框(如图 5-33 所示)→弹出门 A 选择图标,单击该按钮就会弹出为元件的门 A 分配封装对话框。在"筛选条件"中输入"A*"单击"应用",选中"未分配的封装"栏中前面设计的 A4950→单击"分配"→单击"确定",如图 5-34 所示。

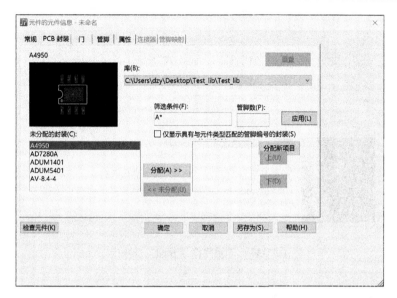

图 5-32　"PCB 封装"选项卡

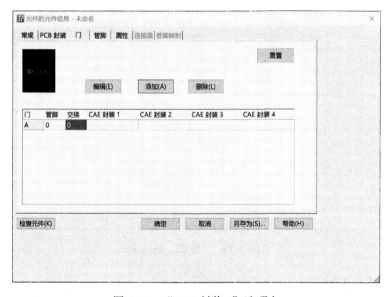

图 5-33　"CAE 封装 1"选项卡

(5) 单击"管脚"选项卡→单击"管脚组"下方空白框选择"门-A"→单击"编号"栏中输入"2"→单击"名称"栏中输入"IN2"→单击"类型"栏中输入"Undefined",依次编辑完成 8 个管脚的功能→单击"确定"。如图 5-35 所示。注意:在后期管脚的更改中也可以选择交换,改变元件管脚的定义。

(6) 在为元件分配完成 PCB 封装和 CAE 封装后,还可以在"属性"选项卡里设置元件属性,还可以选择"管脚映射"把管脚字母和数字对应起来。

建立完元器件类型后,一个完整的元件就完成了,此时也可以在 PADS Logic 的元件编辑器中看到完成后的元件图形,如图 5-36 所示。

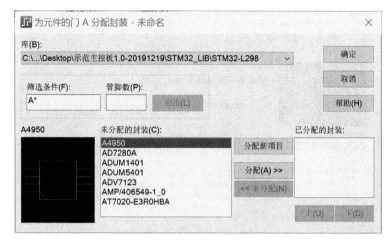

图 5-34　"元件符号分配"选项卡

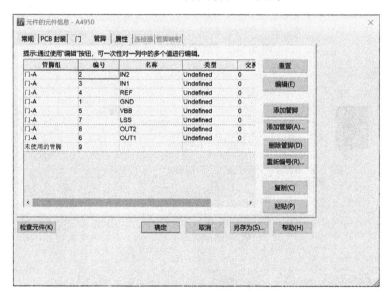

图 5-35　"管脚"选项卡

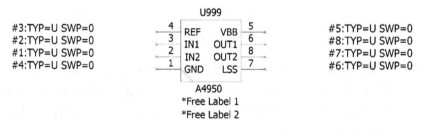

图 5-36　元件 A4950

5.3.3　PADS VX.2.6 元件布局布线的设计

1. PCB 布局设计

在 PCB 设计中，布局是一个重要环节，其结果直接影响布线的效果和 PCB 的质量。

合理的布局是设计 PCB 成功的关键一步，那么如何考虑 PCB 布局合理性，就非常关键。

PADS Layout 提供了自动智能簇布局和手动智能簇布局两种方式，在设计中也可以两种方式结合使用，更能提高其布局的效率，对于元件布局怎么才是合理的规划还与设计者的设计经验以及对电路性能的熟练程度有直接的关系。

在 PADS Layout 中，在"工具"菜单中→选择"簇布局"命令，弹出"簇布局"对话框如图 5-37 所示。可以选择创建簇、放置簇及放置元件，选择以后可以分别对放置的要求进行详细设置。

在图 5-37 中，单击图标⬛→单击"设置"，弹出 "创建簇设置"界面，如图 5-38 所示，设置每组最大组件数默认为"5"，最小顶层数量默认为"1"，根据实际电路输入相应数值以后单击"确定"，返回图 5-37 中，单击"运行"就可以由系统按照要求自动布局。

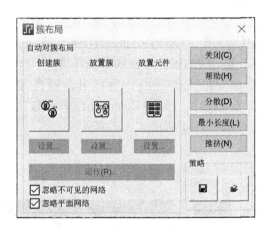
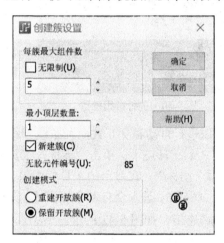

PCB布局
设计

图 5-37 "簇布局"对话框　　图 5-38 "创建簇布局"对话框

2. PCB 布线设计

PCB 布线设计是整个 PCB 设计中最重要的设计步骤。PCB 布线的设计过程要求精细且工作量大，还要求用户有一定的电路经验。常见的 PCB 布线有单面布线、双面布线和多层布线。布线方式有自动布线和交互式布线两种方式。

在自动布线之前，可以采用交互式布线预先对要求比较严格的线路进行布线，输入端及输出端的边线应避免相邻平行，电源和地线之间应加上去耦电容，尽量加宽电源和地线的宽度。通常有以下宽度要求：电源地线＞电源线＞信号线，信号线一般宽度 10mil，低于6mil 生产公司很难生产，电源线不应低于 10mil(根据流过电流大小而定)，多层板电源层和接地层应设置为独立层。其他布线对信号的严格要求，可以参照国家标准或者是国际标准进行设计，在此不再详细叙述。

下面我们以"物料搬运机器人"的主控板设计电路图为例采用交互式方式进行布线操作。

在 PADS Layout 中，打开电路板，单击"标准工具栏"中"设计"图标▦→在弹出的工具栏中单击"添加布线"图标▧，进入添加布线模式，如图 5-39 所示。

图 5-39　添加布线模式

单击需要布置导线"PA8"端点，开始布线操作，选择该导线以后两个端点颜色会发生

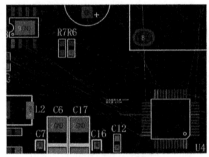

图 5-40　进行布线操作

高亮变化，提示布线路径。移动鼠标指针，按住"Shift"按键，在拐角处单击，增加一个过孔，重复前面的操作，移动鼠标到另一端点，双击终点焊盘结束本次操作，如图 5-40 所示。

也可以直接从 PADS Layout 中通过单击主菜单"工具"→单击 PADS Router 的状态切换"布线"图标，启动 PADS Router 的布线环境。因该环境是一个独立的工作界面，所以可以脱离 PADS Layout 环境设计，PADS Router 布线方式非常的灵活，可以进行自动和交互式两种布线方式走线，如图 5-41 所示。

在 Router 环境下，单击"标准"工具栏中的"布线"图标→在弹出的工具栏中单击"自动布线"图标，进入全自动布线模式，完成整版的线路连接，如图 5-42 所示。

图 5-41　自动布线设置

我们也可以单击"标准"工具栏中的"布线编辑"图标→在弹出的工具栏中单击"交互式布线"图标，进入交互式布线模式，在该模式下布线连接方便、快捷，具有很多灵活的控制功能，但使用方式上和 PADS Layout 有很多相同之处。

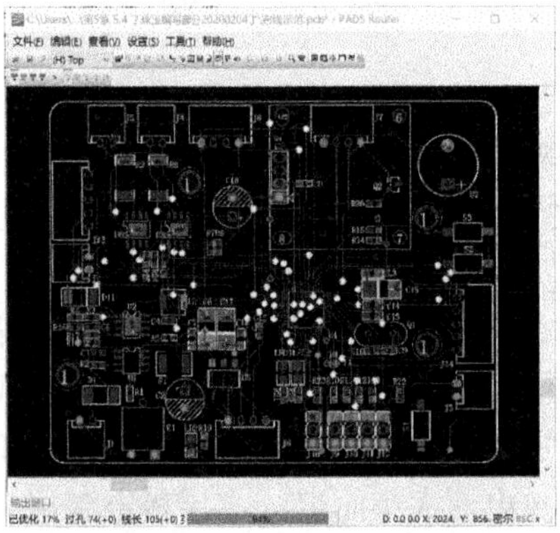

ECO(Engineering Change Order)，即工程设计更改，在 PCB 设计中，不管是设计过程中还是设计完成后，修改电路中存在的问题是在所难免的事。PADS Layout 提供了两种方法，一是修改 OLE 动态链接，也就是说从原理图来进行工程修改；二是 ECO 更改，所有的更改工具和更改记录统一管理，保证设计不会出错。

图 5-42　全自动布线状态

在 PADS Layout 中，单击"标准"工具栏中的"ECO 工具栏"图标，弹出一个有关 ECO 设置的对话框，如图 5-43 所示。

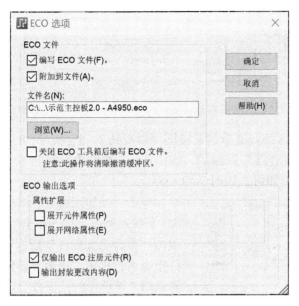

图 5-43　"ECO 选项"对话框

当 ECO 参数设置完成以后单击"确定"按钮，系统进入了 ECO 更改模式，并且打开了 ECO 设计更改工具栏，如图 5-44 所示。下面以项目设计电路板管理 MOS 管 SI4435 的设计更改为例讲解设计更改工具的使用。

图 5-44　ECO 工具栏

MOS 管 SI4435 的原理图符号如图 5-45 所示，在原理图上只有 3 个管脚，实际使用的 PCB 元件是 SO-8 脚元件，如图 5-46 所示，因此在原理图提交到 PADS Layout 后对该元件管脚连线、网络名称等进行 EOC 管理。

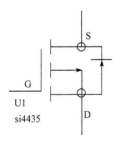

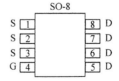

图 5-45　SI4435 原理图符号　　　　　图 5-46　SI4435 PCB 图

单击"重命名网络"图标→单击"U1"的第 5 管脚，将选择的"网络$$$14071"重命名为"D"，单击"确定"，如图 5-47、图 5-48 所示。

图 5-47　SI4435 在 PADS Layout 管脚连接图　　　　　图 5-48　管脚重命名网络

　　由 SI4435 在 PADS Layout 管脚连接图可以看到 2、3、6、7、8 管脚为空脚，单击"标准"工具栏中的"添加连线"图标，增加连线，将两个网络合并→移动鼠标到需要连接的元器件管脚上，单击即可，如图 5-49 所示。

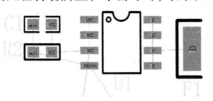

　　单击"添加元器件"图标，可以从"元件类型"下找到所需元件→单击"添加"，即可添加元件；单击"重命名元器件"图标，可以将选择的元器件重命名；单击"更改元器件"图标，进入更换模式后，被选择的元器件会被更改为其他类型的元器件等。上述比较常用的功能，需在实践过程中多操作总结经验，在此就不再一一叙述。

图 5-49　管脚重命名网络

3.PCB 覆铜设计

　　在 PADS Layout 应用中，有"铜箔"和"覆铜"两种。"铜箔"是建立一整块实心铜箔，不受规则约束，这个功能不能在 DRC 模式处于有效状态下操作；"覆铜"是以设定的铜箔外框为边界，对该框内进行灌铜。下面分别以 2 个实例讲解他们的实际效果。

　　(1) 建立"铜箔"。在 PADS Layout 中，单击"标准"工具栏中"绘图"图标，在打开的"绘图"工具栏中单击"铜箔"图标，进入"铜箔"建立模式，右击，在弹出的菜单中选择需要建立铜箔的形状，并画在所需设计的位置，如图 5-50 所示。

PCB覆铜
设计

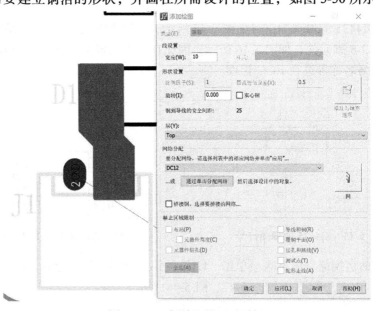

图 5-50　"铜箔"设置对话框

在绘制完成"铜箔"时，系统自动弹出如图 5-50 所示的对话框，此时需要对"添加绘图"进行设置。在"宽度"输入框中输入 10mil，"层"下拉框中选择"Top"，"网络分配"下拉框中选择 DC12，这样就建立了两个管脚连接的一个实心"铜箔"，单击"确定"，如图 5-51 所示。

图 5-51　"铜箔"生成图

（2）建立"覆铜"。在 PADS Layout 中，提供了一个专门的"覆铜管理器"。打开设计好的 PCB 板，右击设计环境空白处，单

图 5-52　"覆铜"生成图

击快捷菜单"选择板框"→移动鼠标至板框线，按住键盘"Shift"键，选中"板框线"，此时板框线高亮显示，按键盘"Ctrl+C"复制板框，单击空白处→"Ctrl+ V"粘贴板框，系统会弹出一个对话框"部分数据在粘贴时更改/丢弃。是否要查看报告？"→单击"否"将拷贝的"2D"线放置在一个适当位置，如图 5-52 所示。

按住键盘"Shift"键，选择"2D 线"，右击，选择"特性"→设置该"2D 线"的"绘图特性"→"类型"下拉框中选择"覆铜平面"，"层"下拉框中选择"Top"，"网络分配"下拉框中选择"GND"，单击"确定"后退出，如图 5-53 所示。

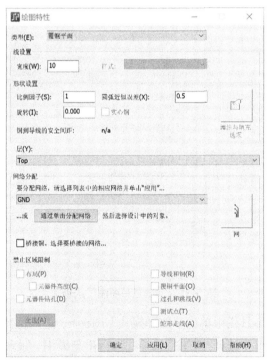

图 5-53　"覆铜平面"设置

按住键盘"Shift"键，选中"2D 线"，移动至板框处重合位置，选择菜单栏中"工具"→"覆铜平面管理器"命令，则系统会弹出快捷选择菜单，单击选择"灌"→单击"全选"，选择灌铜对象顶层和底层→单击"开始"，系统可以"自动灌铜"，如图 5-54 所示。

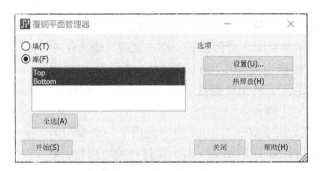

图 5-54　"覆铜平面管理器"设置

完成上述步骤以后单击"标准"工具栏"绘图"图标，在打开的"绘图"工具栏中单击"选择模式"图标，进入选择模式，使用快捷命令 PO，使 PADS Layout 对灌铜区只显示边框。然后，右击，在弹出的菜单中选择"工具"、"选项"命令→弹出"选项"对话框→打开"填充和灌注"选项卡，如图 5-55 所示，勾选"移除碎铜"选项，单击确定，关闭"选项"对话框，完成属性修改。

图 5-55　"填充和灌注"选项卡

在打开的"绘图"工具栏中单击"选择模式"图标，进入选择模式，选中灌铜边框，右击，在弹出的快捷菜单中选择"灌注"命令，进行重新灌铜，原来覆铜区的碎铜被删除。

5.3.4　设计验证

在 PCB 设计过程完成之后，在将 PCB 送去生产之前，一定要对自己的设计进行一次全面的检查，以确保设计没有任何错误，才可以将设计送去生产。设计验证可以对 PCB 进行全面或者部分检查，从最基本的电路参数要求(比如线宽、线距和所有网络的连通性)到是否符合高速电路规范、测试点设置是否合理和是否满足生产加工要求等方面的检查，全面地为 PCB 设计提供了有力的保证。

1. 安全间距验证

验证安全间距主要是检查当前设计中所有对象是否有违反间距设置参数的规定,比如走线与走线距离，走线与过孔距离等。这是为了保证电路板的生产厂商可以可靠地生产出所设计的电路板。因为每个生产厂商都有自己的生产精度，如果将走线与过孔放得太近，那么走线与过孔之间可能出现短路现象。

打开"验证设计"对话框，选择其中的"安全间距"选项，单击"开始"按钮即可开始间距验证。

单击"设置"按钮，则会弹出"安全间距检查设置"对话框，从中可以设置安全间距验证时所要进行的验证操作，如图 5-56 所示。

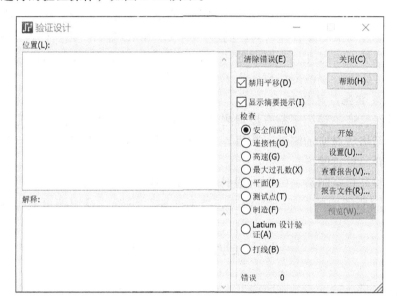

PCB设计
验证

图 5-56　"验证设计"对话框

2. 连接性验证

连接性的验证无需更多额外设置,所以在验证窗口中的"设置"按钮呈灰色无效状态。连接性除了检查网络的连通状况之外，还会对设计中的通孔焊盘进行检查，验证其焊盘钻孔尺寸是否比焊盘本身尺寸更大。

连接性的验证很简单，在验证时将当前设计整体化显示，如图 5-56 所示，打开验证窗口选择"连接性"选项，再按"开始"按钮，则 PADS Layout 系统即开始执行验证，如果有错误，系统将会在设计中标示出来。

当发现设计中有未连通的网络时，可以单击验证窗口中"位置"下的每一个错误信息，则系统将会在窗口"解释"，显示出该连接错误产生的元器件管脚位置，然后逐一排除。

3. 高速设计验证

目前在 PCB 设计领域，随着设计 PCB 运行频率的不断提高，动态电气性能检查

EDC(electro dynamic check)提供了在 PCB 设计过程中电气特性的检验和仿真功能，同时 EDC 还可以使用户不必进行 PCB 实际生产、元器件的装配以及电路的实际测量，只需通过仿真 PCB 电特性参数的方法进行 PCB 设计分析，从而为高速电路的 PCB 设计提供依据，将大大缩短开发周期和降低产品成本。

高速 PCB 的设计应该避免信号串扰、回路和分支线过长的发生，因此设计时可采用菊花链布线。当进行设计验证时，EDC 可自动判断信号网络是否采用了菊花链布线。

4. 平面层设计验证

在设计多层板(一般指四层以上)的时候，往往将电源、地等特殊网络放在一个专门的层，在 PADS Layout 中称这个层为"平面"层。

打开设计并将设计呈整体显示状态，选择菜单"命令工具"→"验证设计"，进入设计验证窗口。选择设计验证窗口中"平面"，再单击左边的"设置"按钮可进行"平面"层验证设置。

在设计时，如果将电源、地等网络设置在对应的"平面"层中，同时这些网络是通孔元器件，则将会自动按层设置接入对应的层。如果是 SMD 器件，则需要将走线从 SMD 焊盘引出一段走线后通过过孔连入对应的"平面"层。在执行"平面"验证时，主要验证是否所有分配到"平面"层的网络都接入了指定的层。

5. 测试点及其他设计验证

测试点设计验证主要用于检查设置测试探针处的安全距离、测试点过孔、焊盘的最小尺寸和每一个网络所对应的测试点数目等。在设计验证窗口中选择"测试点"后单击"开始"按钮即可开始检查验证。

其他设计验证包括制造、Latium 设计验证和打线等设计验证。

用户可以对所需要的验证进行设置，之后单击"设置"按钮即可进行设计验证。

CAM文件
输出

5.4 CAM 文件输出

CAM(computer aided manufacturing，简称计算机辅助制造)。利用 CAM 工具不仅可以生成光绘(gerber)文件，还可以绘图和打印输出，形成所需要的加工文件。

当 PCB 绘制完成之后，设计文件为 PCB 源文件。Gerber 文件就是以 PCB 源文件为依据产生出来的坐标(axis)文件和光码(aperture)文件。利用这些 Gerber 文件以光绘方式生成对应的菲林(胶片)，再将这些菲林(胶片)送去 PCB 厂商即可生产出 PCB 板。如果直接提供 PCB 源文件，经常会有版本兼容性问题和原始资料保密的问题。对于电路方案不是很重要的设计，直接提供 PCB 源文件比较方便，适合于初学者。如果给厂家提供导出的 Gerber 文件，就可以避免上述缺陷。Gerber 文件是一系列专门用于 PCB 线路板生产的光绘文件和钻孔文件，电路板生产厂家就是按照这些文件生产 PCB。也就是说，即使用户提供 PCB 源文件，厂家也需要导出 Gerber 文件进行生产。因此，提供了 Gerber 文件，厂家就会严格按照 Gerber 文件进行生产，而不能自行调整(比如放大一些空间足够的过孔等)，这样生产的数据非常精确，同时也起到了文件参数的保密效果。

5.4.1 平面层 Gerber 文件输出

1. CAM 文件的创建

单击菜单栏中的"文件"→"CAM"命令，打开"CAM 文档"对话框，如图 5-57 所示。

在图 5-58 中，在"定义 CAM 文档"对话框中，单击右侧的"添加"按钮，添加需要导出的层，Gerber 文件主要包含的基础文件有：CAM 平面层、丝印层、阻焊层、钻孔图，如图 5-58 所示。

2. 平面层 Gerber 文件创建

平面层有两种，CAM 平面和布线/分割平面。CAM 平面也称为负片，一般在多层板中使用得到。如果在多层板中分配了 CAM 平面，就需要选择该平面。一般我们使用的是布线/分割平面。

(1) 在图 5-58 中，单击"输出设备"选项组下"光绘"图标，使系统处于 Gerber 输出模式下，在"文档类型"下拉列表中选择"布线/分割平面"项，会弹出层关联性窗口。由于这里设计的是两层

图 5-57 打开"CAM 文档"对话框

板，顶层和底层都是布线/分割平面，所以需要分别关联，在这里选择"Top"，单击"确定"按钮，退出对话框，如图 5-59 所示。

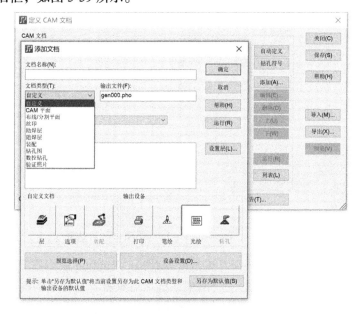

图 5-58 "添加文档"对话框

(2) 在图 5-60 中，文档名称输入"Top-Routing"→"制造层"下拉列表中选择"Top"→单击"自定义文档"选项组下"层"图标→进入"Top-Routing 层选择项目"对话框，如图 5-61 所示。

(3) 在图 5-61 中，在"其他"选项栏里勾选"板框"→"主元件面上的项目" 选项栏里勾选"焊盘"、"导线"、"2D 线"、"过孔"、"铜箔"及"文本"→"具有关联覆铜的管脚"选项栏里勾选"焊盘"、"外框覆铜"及"已填充铜"，然后单击"确定"。

图 5-59   "层关联性"对话框   图 5-60   "Top-Routing 层关联性"对话框

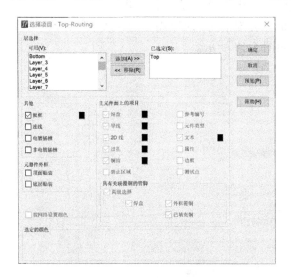

图 5-61   "Top-Routing 层选择项目"对话框

(4) 在图 5-60 中单击"预览选择"按钮可查看 Top-Routing 层铜皮布线情况。注意：只要选择的对象在 PCB 的这个层上，生产出来该选择对象就都为导电的铜皮。设置好选项之后，如果发现有错误可马上改动。图 5-62 所示为该层 Gerber 检验出菲林图，也是生成中使用的胶片图。在设置 Gerber 输出选项时，先在窗口"可用"下选择一个层，然后再选择这个层中所需验出的选项。

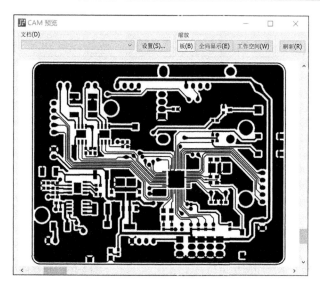

图 5-62　Top-Routing 层 Gerber 菲林图

(5) 当设置好输出选项之后单击"确定"按钮退回到"添加文档"对话框，在对话框里可以看到 Top-Routing 层文件名，Gerber 文件名系统默认为"art001"。

上述步骤完成了电路板设计的顶层走线 Gerber 输出，底层走线 Gerber 的输出方法同顶层完全一样，其操作过程不再重复介绍。对于多层板输出设计的第 3 层(电源层)Gerber 文件，其整个操作步骤一样，只是由于第 3 层在 PCB 中间，所以在设置选择输出选项时需选择过孔和铜箔。

3. 丝印层 Gerber 文件输出

丝印层将显示 PCB 中无电气特性的 2D 线以及元件编号、属性及说明文字等元素。当然由于 PADS 显示优先级的问题，有些元器件的外框和编号可以和元器件放在同一层。

(1) 在图 5-63 中，"文档名称"下输入"Silkscreen Top"文件名，在"文档类型"中选择"丝印"，在弹出的"层关联性"中选择"Top"，单击"确定"，即可输出顶层丝印图。

(2) 在图 5-63 中，"文档名称"下输入"Silkscreen Bottom"文件名，在"文档类型"中选择"丝印"，在弹出的"层关联性"中选择 "Bottom"，单击"确定"，即可输出底层丝印图。

单击"预览选择"按钮可查看生成的顶层和底层丝印层状态，顶丝印层预览图如图 5-64 所示。

4. 阻焊层 Gerber 文件输出

阻焊层是 PCB 板上覆盖绿油的部分(阻焊层有绿、蓝、红、黑等颜色油墨)，其作用是阻止焊接。阻焊层 Gerber 文件需要导出顶层和底层两面，其操作步骤一样，如图 5-65 所示。

(1) 在图 5-65 中，"文档名称"下输入"Solder Mask Top"文件名，在"文档类型"中选择"阻焊层"，在弹出的"层关联性"中选择"Top"，单击"确定"，即可输出顶层阻焊层。

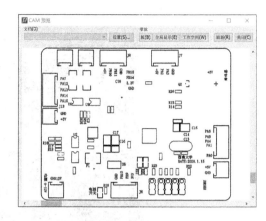

图 5-63   顶丝印层预览图   图 5-64   顶丝印层预览图

(2) 在图 5-65 中，"文档名称"下输入"Solder Mask Bottom"文件名，在"文档类型"中选择"阻焊层"，在弹出的"层关联性"中选择"Bottom"，单击"确定"，即可输出底层阻焊层。

单击图 5-65 中"预览选择"按钮可查看生成的阻焊层状态，如图 5-66 所示。

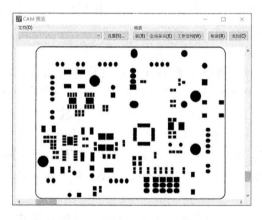

图 5-65   Top-Routing 阻焊层设置   图 5-66   预览顶层阻焊层菲林胶片

5.4.2   钻孔层 Gerber 文件输出

钻孔层标注了 PCB 板中需要打孔的地方(如过孔和焊盘孔)，其输出有钻孔图和数控钻孔图两个选项，钻孔图是通过×或者△将孔标出来，方便操作人员查看，也就是说钻孔图层是给工作人员看的，实际生产的时候，机器使用不到。而数控钻孔图是钻孔的准确数据，这个是机器钻孔必须的数据。

(1) 在图 5-67 中，在"文档名称"中输入"Drill Drawing"文件名，"文档类型"选择"钻孔图"，弹出"层关联性"选择"Top"，单击"确定"，生成钻孔图。

（2）在图 5-68 中，在"文档名称"下输入"nc drill"文件名，"文档类型"选择"数控钻孔图"，弹出"层关联性"选择"Top"，单击"确定"，生成数控钻孔图，如图 5-68 所示。数控钻孔层和 PCB 板阶数有关，这个阶数涉及埋孔和盲孔，一般 PCB 板的阶数越高，埋孔和盲孔的种类越多，PCB 生产越复杂，生产成本也就越高。

图 5-67　钻孔图设置选项卡　　　　图 5-68　数控钻孔图设置选项卡

5.4.3　光绘 Gerber 文件的保存

利用 PADS Layout 为导线设置的 Gerber 文件类型有 9 种，分别为：CAM 平面、布线/分割平面、丝印、助焊层、阻焊层、装配、钻孔图、数控钻孔和验证照片。

在图 5-69 中，填写 CAM 输出存放目录，找到左下方"CAM 目录"→单击 default 旁边的下拉窗口按钮，选择"创建"则系统会弹出一个窗口，如图 5-70 所示，在这个窗口中输入一个新的目录名，单击"确定"按钮关闭窗口。

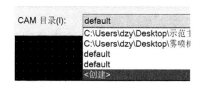

图 5-69　"CAM 文件目录"对话框　　　图 5-70　"CAM 文件"创建对话框

选中图 5-69 中虚框部分的所有生产项目，单击"运行"→弹出如图 5-70 所示的"CAM 文件"创建对话框→选择"创建"→输入保存地址→如图 5-71 所示的"CAM 文件"保存对话框弹出"是否希望生产下列输出？"对话框，单击"是"按钮，将输出生成 Gerber 所有文件。

5.4.4　光绘 Gerber 文件的打印输出

将 Geber 文件设置完成后，用户可以直接将其用打印机打印出来。在图 5-59 中，"输出设备"选项组中单击"打印"按钮，表示用打印机输出设定好的 Gerber 文件。单击"设备设置"按钮，则弹出"打印设置"对话框，如图 5-72 所示，用户可以按实际情况完成打印机设置。单击"打印设置"对话框中的"确定"按钮，关闭该对话框，再单击图 5-59 中"添加文档"对话框中"运行"按钮，系统立刻开始打印。

图 5-71　　"CAM 文件"保存对话框

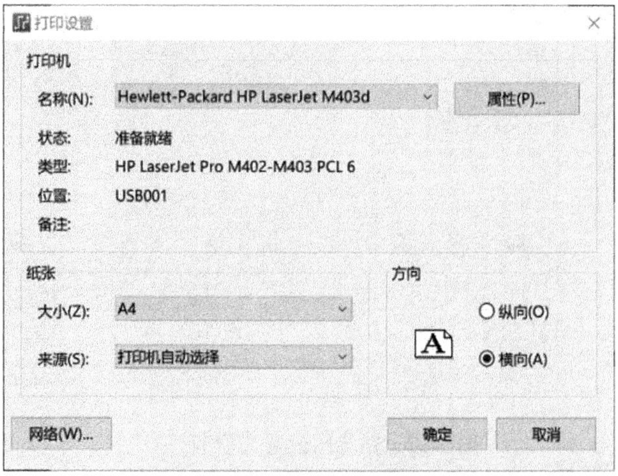

图 5-72　　"打印"设置对话框

5.4.5　光绘 Gerber 文件的绘图输出

绘图输出与打印输出一样，在图 5-59 中，"输出设备"选项组中单击"笔绘"按钮，选择用绘图仪输出设定好的 Gerber 文件。选择绘图输出后，单击"设备设置"按钮，则弹出"笔绘图机设置"对话框，如图 5-73 所示，从中可以选择绘图仪的型号、绘图颜色及绘图大小等参数。

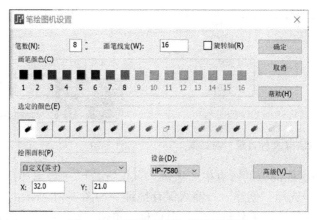

图 5-73　　"笔绘图机"设置对话框

完成绘图仪设置后，单击图 5-73 所示对话框中的"确定"按钮将其关闭，再单击

图 5-59 中"编辑文档"对话框中"运行"按钮，系统立刻开始绘图输出。

总结与思考

本章通过对 PADS 软件使用的讲解，展示了电路板的设计与制作工艺。本章由 PADS 软件的总体概述展开，介绍了使用 PADS 进行电路板设计的流程。在 5.2 节，先讲解了元件图形的设计过程，再通过"物料搬运机器人的主控板原理图"实例讲解了原理图的绘制过程。在 5.3 节，先讲解了印制电路板的相关概念，然后讲解了元件封装的制作，再通过"物料搬运机器人的主控板"实例讲解了 PCB 的设计过程并进行了验证。5.4 节讲解了 CAM 文件的输出，将设计与加工连接起来。总体来说，本章以实例为依托，较完整地讲解了电路板的设计与制作工艺，对深入学习电路板设计与制作的读者具有一定参考价值。

请读者思考以下问题。

(1) PADS Logic 如何创建 CAE 封装？

(2) PADS Logic 原理图的设计流程是什么？

(3) 简述 PADS Layout 中标准元件 PCB 封装的建立过程。

(4) 如何建立一个名为"LM7805"的元器件？

(5) PCB 设计检查验证一般需要哪些检查？

(6) 简述生成 PCB 板 Gerber 文件的输出步骤。

第6章 电子产品组装与调试工艺

电子产品的组装与调试是电子产品生产过程中极其重要的两个环节。电子产品组装工艺即为整机的装接工序安排，就是以设计文件为依据，按照设计文件的工艺规程和具体要求，将各种电子元器件、机电元件及结构件装配在印制电路板、机壳、面板等的指定位置上，构成具有一定功能的完整电子产品的过程。电子产品的调试工艺，就是排除电子产品故障，使之达到规定的技术指标的过程。

本章以三个电子实训项目为例来介绍电子产品的组装与调试工艺。

6.1 数字万用表

本节以 DT830B 型三位半数字万用表为例，介绍其安装与调试过程。

DT830B 型三位半数字万用表是一种分档细、灵敏度高、体型轻巧、性能稳定、过载保护可靠、使用方便的常用个人数字仪表。其主要特点如下：

(1) 技术成熟，主电路采用典型数字集成电路 ICL7106 芯片，性能稳定可靠。

(2) 性价比高、技术成熟、应用广泛，所产生的规模效益使价格低到人人皆可拥有。

(3) 结构合理、安装简单、单板结构，ICL7106 芯片采用 COB 封装，只需一般电子装配技术即可成功组装。

DT830B 型数字万用表具有 6 种功能，可测量交流电压(700V 和 200V 共 2 挡)、直流电流(200μA、2mA、20mA、200mA、10A 共 5 挡)、直流电压(200mV、2V、20V、200V、1000V 共 5 挡)、电阻(200Ω、2kΩ、20kΩ、200kΩ、2MΩ 共 5 挡)、NPN 和 PNP 型三极管的 h_{FE} 参数、二极管特性与极性。

6.1.1 DT830B 型数字万用表工作原理

DT830B 型数字万用表是以数字式电压表为核心扩展而成，其基本原理框图如图 6-1 所示。输入(被测量)→功能量程选择→参数转换电路(R/V 转换、I/V 转换、V/V 转换)→A/D 转换→LCD 驱动→LCD 显示。

DT830B 型数字万用表的电路原理图如图 6-2 所示，主要包括 A/D 转换器电路、直流电压测量电路、直流电流测量电路、交流电压测量电路、交流电流测量电路、电阻测量电路、测量晶体管 h_{FE} 电路、二极管测试电路、蜂鸣器电路、小数点驱动电路以及低电压指示电路等。

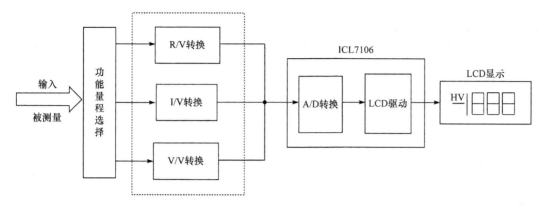

图 6-1　DT830B 型数字万用表原理框图

(1) A/D 转换器电路以 ICL7106 芯片为核心搭建而成。ICL7106 芯片是目前广泛应用的一种 3½ 位 A/D 转换器，可将 0～2V 的模拟电压转换为三位半的 BCD 码数字显示出来。将被测直流电压、直流电流及电阻等物理量变成 0～2V 直流电压，送入 ICL7106 芯片的输入端，即可在数字万用表上进行检测。

(2) 直流电压测量电路，输入电压被分压电阻分压(分压电阻之和为 1MΩ)，每挡分压系数为 1/10，分压后的电压必须在-0.199～+0.199V 之间，否则将过载显示。过载显示最高位显示"1"，其余位数不显示。

(3) 直流电流测量电路，内部取样电阻将输入电流转换为-0.199～+0.199V 之间的电压后送入 ICL7106 芯片输入端。当设置在 10A 挡时，输入电流直接输入 10A 输入孔而不通过选择开关。

(4) 交流电压测量电路的交流电压首先须进行整流并通过低通滤波器对波形进行整形，然后送入共用的直流电压测量电路，最后测量出交流电压的有效值。

(5) 电阻测量电路由电压源、标准电阻、被测电阻(未知)组成。两个电阻的比值等于各自电压降的比值，因此，通过标准电阻及利用标准电阻上的标准电压，即可确定被测电阻的阻值。测量结果直接由 A/D 转换器得到。

6.1.2　DT830B 型数字万用表组件识别

组装 DT830B 型数字万用表的元器件清单如表 6-1 所示。根据元器件清单的代号和参数，将其与印制电路板上的代号一一对应，明确元器件安装位置。

表 6-1　DT830B 型数字万用表元器件清单

(a) 分立电子元器件清单

元器件	代号	参数	数量	元器件	代号	参数	数量
电阻/Ω	R10	0.99	1	电阻/Ω	R18	220k	1
	R8	9	1		R19	220k	1
	R20	100	1		R12	220k	1

续表

元器件	代号	参数	数量	元器件	代号	参数	数量
电阻/Ω	R21	900	1	电阻/Ω	R13	220k	1
	R22	9k	1		R14	220k	1
	R23	90k	1		R15	220k	1
	R24	117k	1		R2	470k	1
	R25	117k	1		R3	1M	1
	R35	117k	1		R32	2k	1
	R26	274k	1	电容/F	C1	100p	1
	R27	274k	1		C2	100n	1
	R5	1k	1		C3	100n	1
	R6	3k	1		C4	100n	1
	R7	30k	1		C5	100n	1
	R30	100k	1		C6	100n	1
	R4	100k	1	二极管	D3	1N4007	1
	R1	150k	1	三极管	Q1	9013	1

(b) 散件清单

散件	序号	项目	数量	散件	序号	项目	数量
机壳部分	1	底面壳	1个	机壳部分	13	电位器 201	1个
	2	液晶片	1个		14	锰铜丝电阻	1个
	3	液晶片支架	1个	线路板部分	1	ICL7106（全检）	1个
	4	旋钮	1个		2	表笔插孔柱	3个
	5	屏蔽纸	1张	袋装部件	1	保险管、座	各1个
	6	功能面板	1个		2	hFE 座	1个
	7	导电胶条	2条		3	V 型簧片	6个
	8	滚珠	2颗		4	9V 电池	1个
	9	定位弹簧 2.8*5	2个		5	电池扣	1个
	10	接地弹簧 4*13.5	1个	附件	1	表笔	1对
	11	自攻螺钉 2*8	3个		2	说明书	1张
	12	自攻螺钉 2*10	2个		3	电路图及注意要点	1张

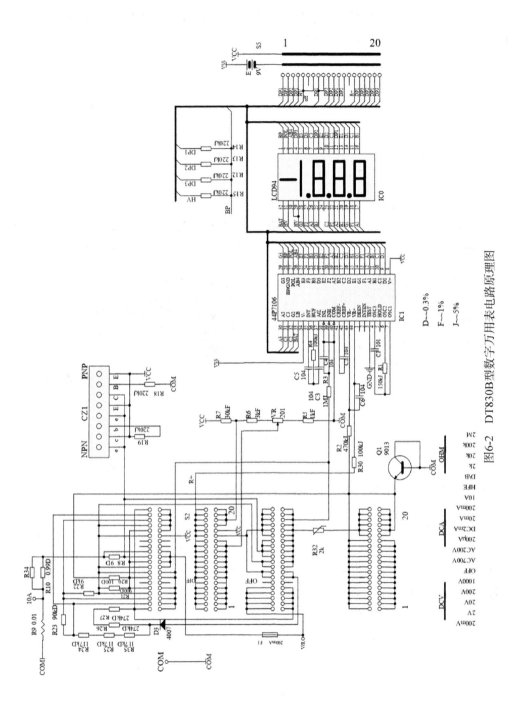

图6-2 DT830B型数字万用电路原理图

6.1.3　DT830B 型数字万用表安装流程

DT830B 型数字万用表由机壳塑料件(包括上下盖、旋钮)、印制电路板部件(包括插口)、液晶屏及表笔等组成，其安装流程如图 6-3 所示。

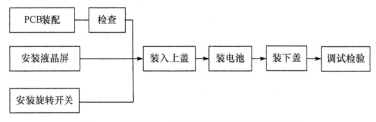

DT830B型
数字万用表
安装流程
(简介)

图 6-3　DT830B 型数字万用表安装流程图

1. 印制电路板安装

DT830B 型数字万用表的印制电路板如图 6-4 所示，其中 A 面是焊接面，B 面是元件面，中间环形印制导线是功能及量程转换开关电路，需小心保护，不得划伤和污染。

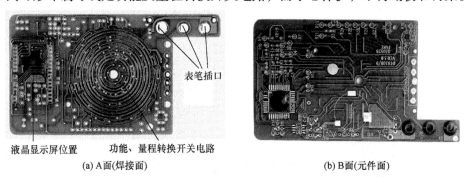

(a) A 面(焊接面)

(b) B 面(元件面)

图 6-4　DT830B 型数字万用表的 PCB

焊接时按照"先低后高、先小后大、先轻后重、先里后外、先一般元件后特殊元件"的原则进行。DT830B 型数字万用表的安装步骤如下。

1) 安装电阻、电容、二极管

安装电阻、电容、二极管时，元件插座安装在印制电路板 B 面，在印制电路板 A 面进行焊接。如果安装孔距大于 8mm(例如 R8、R21 等)，采用卧式安装；如果孔距小于 5mm(例如印制电路板上画"○"的其他电阻)，采用立式安装，电容采用立式安装，电阻和电容安装符号示例参见图 6-5。

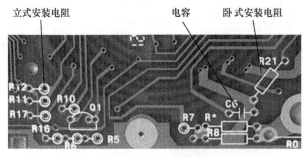

图 6-5　电阻和电容安装符号示例(局部)

2) 安装电位器、三极管插座

安装电位器 201(VR1)、三极管插座时应注意安装方向。三极管插座安装在印制电路板 A 面，而且应使定位凸点与外壳对准，在印制电路板 B 面进行焊接(如图 6-6 所示)。

3) 安装保险座、R0、弹簧

保险座、R0、弹簧的焊接点较大，焊接时应注意预焊和焊接时间(如图 6-6 所示)。

4) 安装电池线

电池线由 B 面穿到 A 面再插入焊孔，在 B 面进行焊接。红线接"+"，黑线接"−"(如图 6-6 所示)。

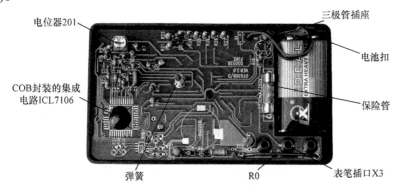

图 6-6　安装完成的印制电路板 B 面

2. 液晶屏安装

首先将前面板外壳平面向下置于桌面，从旋钮圆孔两边垫起约 5mm；然后将液晶屏放入前面板外壳窗口内，白面向上，方向标记在右方；放入液晶屏支架，平面向下；用镊子把导电胶条放入支架两横槽中，注意保持导电胶条的清洁，液晶屏安装顺序如图 6-7 所示。

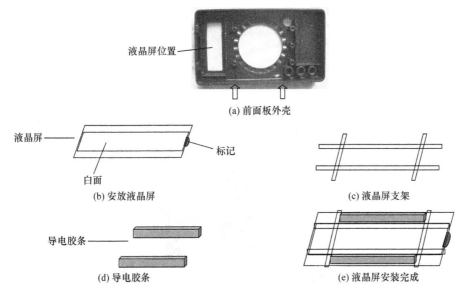

图 6-7　液晶屏安装顺序图

3. 旋钮安装

(1) 将 V 形簧片安装到旋钮上，共六个。两个宽槽的 V 形簧片装在两边定位片上，其余四个装在中间，其安装示意图如图 6-8 所示。V 形簧片易变形，安装过程中应注意用力要轻。

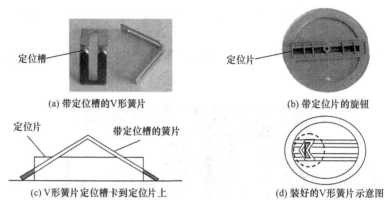

(a) 带定位槽的V形簧片　　(b) 带定位片的旋钮

(c) V形簧片定位槽卡到定位片上　　(d) 装好的V形簧片示意图

图 6-8　V 形簧片安装示意图

(2) V 形簧片安装完成后将旋钮翻面，将两个小弹簧蘸少许凡士林放入旋钮两圆孔内，再将两个小钢珠放在外壳合适位置处，如图 6-9 所示。

(3) 将装好 V 形簧片的旋钮按正确方向放入外壳，如图 6-10 所示。

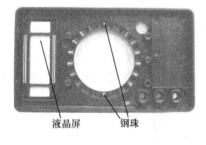

图 6-9　钢珠安装图

图 6-10　装入旋钮的外壳

4. 固定印制电路板

(1) 将印制电路板对准位置装入外壳(注意：安装螺钉之后再装保险管)，并用三个螺钉紧固，螺钉紧固位置如图 6-11 所示。

图 6-11　三个螺钉紧固孔位置

（2）装上保险管和电池，转动旋钮，液晶屏应正常显示，装好印制电路板和电池的万用表表体如图 6-12 所示。

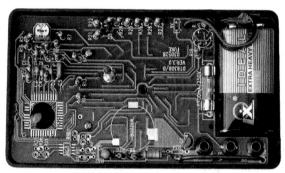

图 6-12　装好印制电路板和电池的表体

6.1.4　总装与调试

DT830B 型数字万用表的功能和性能指标由集成电路和电子元器件保证，只要安装无误，仅做简单调整即可达到设计指标。

1. 校准检测

校准和检测原理：以集成电路 ICL7106 芯片为核心构成的 DT830B 型数字万用表基本量程为 200mV 挡，其他量程和功能均通过相应转换电路转为基本量程。故校准时只需对参考电压 100mV 进行校准即可保证基本精度。其他功能及量程的精确度由相应元器件的精度和正确安装来保证。

使用仪器：KJ802 数字万用表校准测量仪(简称校测仪)。该仪器直流电压 100mV 挡作为校准电压源，内部采用电压基准和运放调整，并用高档仪表校准。

在安装后盖前将 DT830B 型数字万用表转换开关置于 DCV200mV 电压挡，插入表笔，将表笔测量端接校测仪的 DCV100mV 插孔，调节万用表内的电位器 VR1 使表显示 99.9～100.1mV 即可。

检测：将待测万用表置于校测仪相对应挡位，检查显示结果。

2. 总装

（1）贴屏蔽膜。将屏蔽膜上的保护纸揭去，露出不干胶面，如图 6-13 所示贴到后盖内。

（2）盖上后盖，安装后盖 2 个螺钉。至此，DT830B 型数字万用表的安装、校准、检测全部完毕，效果如图 6-14 所示。

DT830B 型
数字万用表
校准检测

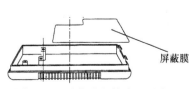

图 6-13　屏蔽膜安装位置示意图

屏蔽膜

图 6-14　安装完成的 DT830B 型数字万用表

6.2 微型贴片收音机

收音机产生于 20 世纪初，是一种用于无线电广播的接收设备。由于集成电路的发展，收音机实现了微小型化。微型贴片收音机由 SMD 表面贴装元件组成，进行组装时需要使用 SMT 表面贴装技术。

6.2.1 HX3208 型微型贴片收音机工作原理

HX3208 型微型贴片收音机采用特殊的低中频(70kHz)技术，外围电路省去了中频变压器和陶瓷滤波器，使电路简单可靠，调试方便，其主要特点如下：

(1) 采用电调谐单片 FM 收音机集成电路，调谐方便准确。

(2) 接收频率为 87～108MHz。

(3) 外形小巧，便于随身携带。

(4) 电源范围 1.8～3.5V，7 号电池 2 节。

(5) 内设静噪电路，抑制调谐过程中的噪声。

HX3208 型微型贴片收音机(如图 6-15 所示)的核心是集成电路芯片 SC1088，其电路由输入电路、混频电路、本振电路、信号检测电路、中频放大电路、鉴频电路、静噪电路和低频放大电路组成，电路原理框图如图 6-16 所示。图 6-17 为电路原理图，表 6-2 为 SC1088 引脚功能表。

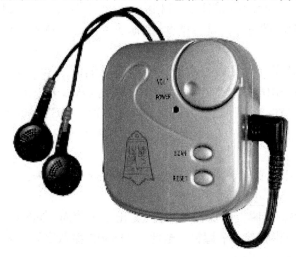

图 6-15　HX3208 型微型贴片收音机外观图

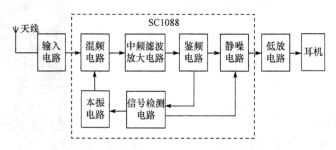

图 6-16　HX3208 型微型贴片收音机电路原理框图

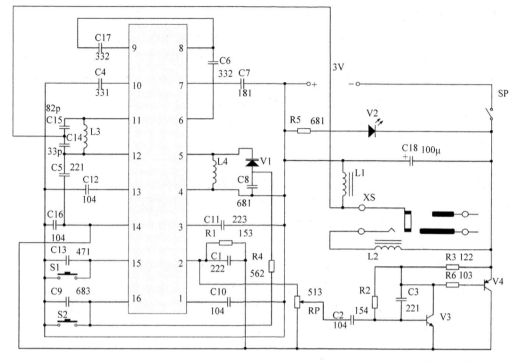

图 6-17　电路原理图

表 6-2　SC1088 引脚功能

引脚	功能	引脚	功能	引脚	功能	引脚	功能
1	静噪输出	5	本振调谐回路	9	IF 输入	13	限幅器失调电压电容
2	音频输出	6	IF 反馈	10	IF 限幅放大器的低通电容器	14	接地
3	AF 环路滤波	7	1dB 放大器的低通电容器	11	射频信号输入	15	全通滤波电容搜索调谐输入
4	Vcc	8	IF 输出	12	射频信号输入	16	电调谐 AFC 输出

1. 输入电路

FM 调频信号由耳机线馈入，经 C14、C15、C16 和 L1 组成的输入电路(高通滤波器)进入 SC1088 的 11、12 脚混频电路。此处的 FM 信号没有调谐的调频信号，即所有调频电台信号均可进入。

2. 混频电路

混频电路集成在 SC1088 内，它的作用是将从输入回路送来的高频载波信号与本机振荡电路产生的信号进行差频，产生一个 70kHz 的中频载波信号，并将它送入中频限幅放大电路进行放大。

3. 本振电路

本振电路中的关键元器件是变容二极管，它是利用 PN 结的结电容与偏压有关的特性制成的"可变电容"。

本振电路中，控制变容二极管 V1 的电压由 SC1088 第 16 脚给出。当按下扫描开关 S1 时，SC1088 内部的 RS 触发器打开恒流源，由 16 脚向电容 C9 充电，C9 两端电压不断上升，V1 电容量不断变化，由 V1、C8、L 构成的本振电路的频率不断变化而进行调谐。当收到电台信号后，信号检测电路使 SC1088 内的 RS 触发器翻转，恒流源停止对 C9 充电，同时在 AFC(automatic freguency control)电路作用下，锁住所接收的广播节目频率，从而可以稳定接收电台广播，直到再次按下 S1 开始新的搜索。当按下 Reset 开关 S2 时，电容 C9 放电，本振频率回到最低端。

4. 中频放大、限幅与鉴频

电路的中频放大、限幅及鉴频电路的有源器件及电阻均在 SC1088 内。FM 广播信号和本振电路信号在 SC1088 内的混频器中混频产生 70kHz 的中频信号，经内部 1dB 放大器、中频限幅器，送到鉴频器检出音频信号，经内部环路滤波后由 2 脚输出音频信号。

5. 耳机驱动电路

由于用耳机收听，所需功率很小，本机采用了简单的晶体管放大电路，SC1088 的 2 脚输出的音频信号经电位器 RP 调节电量后，由 V3、V4 组成复合管甲类放大。R1 和 C1 组成音频输出负载，线圈 L1 和 L2 为射频与音频隔离线圈。这种电路耗电大小与有、无广播信号以及音量大小关系不大，不收听时需关断电源。

6.2.2　HX3208 型微型贴片收音机组件识别

组装 HX3208 型微型贴片收音机的元器件清单如表 6-3 所示。根据元器件清单的代号和参数，将其与印制电路板上的代号一一对应，明确元器件安装位置。

表 6-3　HX3208 型微型贴片收音机元器件清单

类别	代号	规格	型号/封装	数量	备注	类别	代号	规格	型号/封装	数量	备注
电阻	R1	153	2012 (2125) RJ 1/8 W	1		电容	C8	681	2012 (2125)	1	
	R2	154		1			C9	683		1	
	R3	122		1			C10	104		1	
	R4	562		1			C11	223		1	
	R5	681	RJ 1/16 W	1			C12	104		1	
	R6	103		1			C13	471		1	
电容	C1	222	2012 (2125)	1	或 202		C14	330		1	
	C2	104		1			C15	820		1	
	C3	221		1			C16	104		1	
	C4	331		1			C17	332	CC	1	
	C5	221		1			C18	100μ	CD	1	
	C6	332		1			C19	223	CC	1	
	C7	181		1		IC	A		SC1088	1	

续表

类别	代号	规格	型号/封装	数量	备注	类别	代号	规格	型号/封装	数量	备注
电感	L1			1	磁环	塑料件			前盖	1	
	L2	4.7μH		1	色环				后盖	1	
	L3	70nH		1	8 匝				电位器钮(内、外)	各 1	
	L4	78nH		1	5 匝				开关钮(有缺口)	1	scan 键
晶体管	V1	变容二极管	BB910	1	塑封同向出脚				开关钮(无缺口)	1	reset 键
	V2	发光二极管	LED	1	异形	其他			印制电路板	1	
三极管	V3	9014	SOT-23	1					耳机 32Ω×2	1	
	V4	9012		1					RP(带开关电位器 51k)	1	
金属件		电池片(3 件)		正、负连接片各 1					S1、S2 (轻触开关)	各 1	
		自攻螺钉		3					XS (耳机插座)	1	
		电位器螺钉		1							

6.2.3　HX3208 型微型贴片收音机安装流程

HX3208 型微型贴片收音机的安装流程如图 6-18 所示，主要包括安装前检查、SMT 安装表面贴装元件、分立元器件安装、总装与调试。

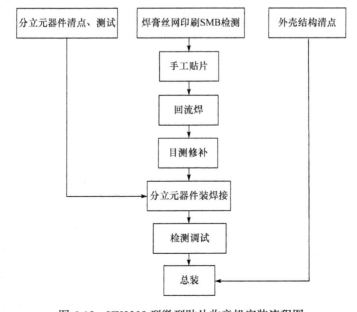

HX3208型
微型贴片
收音机
安装流程
(简介)

图 6-18　HX3208 型微型贴片收音机安装流程图

1. 安装前检查

安装前首先检查印制电路板图形是否完整,线路有无短路和断路缺陷(如图 6-19 所示)。其次,按元器件清单检查元器件和零部件,仔细分辨品种和规格,清点数量。最后,对分立元器件进行检测:①电位器的阻值调节特性;②LED、线圈、电解电容、插座、开关等元器件的质量;③判断变容二极管的好坏及极性。

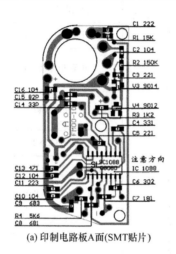 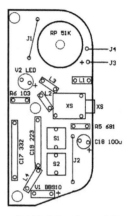

(a) 印制电路板A面(SMT贴片)   (b) 印制电路板B面(THT安装)

图 6-19   HX3208 型微型贴片收音机印制电路板

2. 安装表面贴装元件

1) 焊膏印刷

采用焊膏印刷机将焊锡膏通过模板漏印到印制电路板 A 面。印刷过程中,在对刮刀施加压力的同时,向着印制电路板方向移动刮刀,使焊膏滚动,把焊膏填充到模板的开口部位。进而利用焊膏的触变性和粘着性,把焊膏转到印制电路板上。最后抬起模板,取出印制电路板。

2) 贴片

HX3208型
微型贴片
收音机
安装表面
贴装元件

按照以下顺序,用镊子把贴片元器件准确地贴到指定位置,并检查贴片元器件有无漏贴、错位:C1、R1、C2、R2、C3、V3、V4、R4、C4、C5、SC1088、C6、C7、C8、R4、C9、C10、C11、C12、C13、C14、C15、C16。在贴片过程中需注意以下四点。

(1) 注意元器件正反面、极性和方向。

(2) 贴片元器件不得用手拿,使用镊子夹持且不可夹到极片上,如图 6-20 所示。贴片时看准位置,贴正、贴平、贴稳,轻微下压,焊膏不要塌陷。

(3) IC1088 标记方向,标识点处引脚为 1 脚,如图 6-21 所示。

 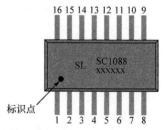

图 6-20   贴片元器件夹取方式   图 6-21   IC1088 芯片引脚

(4) 贴片电容表面没有标志，一定要保证准确、及时贴到指定位置。

3) 再流焊

由再流焊机提供一种加热环境，使预先分配到印制电路板焊盘上的膏状软钎焊料重新熔化，从而让表面贴装的元器件和 PCB 焊盘通过焊膏可靠地结合在一起。HX3208 型微型贴片收音机使用如图 6-22 所示的桌面自动再流焊机，强制热风与红外混合加热。再流焊机主要由上层工件盒、中间层加热元器件和下层辐射板组成。

选择合理焊接温度曲线，如图 6-23 所示。首先工件被加热到焊接温度，然后焊膏熔化润湿焊件，最后降温凝固形成焊点。

图 6-22　再流焊机图

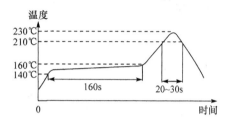

图 6-23　再流焊工艺曲线

4) 检查焊接质量及修补

检查表面贴装元件的安装效果(贴片数量及位置)，发现问题及时修补。

3. 安装分立元器件

采用手工焊接技术在印制电路板 B 面完成分立元器件的安装，其装焊顺序如下：

(1) 跨接线 J1、J2(可用剪下的元器件引线)。

(2) 电位器 RP 注意电位器的安装方向，并保持电位器与印制电路板平齐。

(3) 耳机插座 XS(注意电烙铁加热焊点时间要短，防止烫坏耳机插座。为确保焊接后耳机插座保持完好，先将耳机插头插入耳机插座中，然后再实施焊接)。

(4) 轻触开关 S1、S2。

(5) 电感线圈 L1～L4(磁环 L1、色环 L2、8 匝线圈 L3、5 匝线圈 L4)。

(6) 变容二极管 V1(注意极性方向标记)、R5(立式安装)、R6、C17、C19。

(7) 电解电容 C18(100μF)贴板装焊，采用如图 6-24 所示的卧式安装。

(8) 发光二极管 V2，其安装高度及极性如图 6-25 所示。

(9) 焊接电源连接线 J3、J4，注意正负导线颜色。

图 6-24　电解电容 C18 安装方式

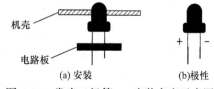

图 6-25　发光二极管 V2 安装高度示意图

6.2.4　总装与调试

HX3208 型微型贴片收音机焊接完成后需要进行基本功能调试，测试通过后再进行总装，最后通过试戴耳机接收广播信号验证安装的正确性。

1. 调试

1) 目视检查

检查元器件的型号、规格、数量及安装位置，方向是否与图纸符合；焊点检查，有无虚、漏、桥接、飞溅等缺陷。

图 6-26　数字万用表表笔接触位置

2) 总电流测试

目视检查合格后将电源线焊接到电池片上，在电位器开关断开状态下装入电池，插入耳机。用数字万用表 200mA 跨接在开关两端测电流，如图 6-26 所示。正常电流应为 6～25mA(与电源电压有关)并且 LED 正常点亮。表 6-4 是样机测试结果，可供参考。注意：如果电流为零或超过 35mA 应检查电路。

表 6-4　样机总电流测试结果

工作电压/V	1.8	2.0	2.5	3.0	3.2
工作电流/mA	8	11	17	24	28

3) 搜索电台广播

如果电流在正常范围，可按 S1 搜索电台广播。只要元器件质量完好，安装正确，焊接可靠，不用调节电路任何元器件即可接收到电台广播信号；如果接收不到电台广播信号应仔细检查电路，特别要检查有无错装、虚焊、漏焊等缺陷。

4) 调接收频段(频率覆盖范围)

我国调频广播的频率范围为 87～108MHz，调试时可找一个当地频率最低的 FM 电台(例如在重庆，音乐广播电台频率为 88.1MHz)。适当改变 L4 的匝间距，使按过"Reset"键后第一次按"SCAN"键可收到该电台。由于 SC1088 集成度高，如果元器件一致性较好，一般接收到低频电台后均可覆盖整个 FM 频段，故可不对高频进行调试而仅做一般检查(可用一个成品 FM 收音机对照检查)。

2. 总装

(1) 将外壳面板平放到桌面上。

(2) 将 2 个按键帽放入孔内(注意：SCAN 键帽上有缺口，放键帽时要对准机壳上的凸起，"Reset"(前后大小写对应)键帽上无缺口)。

(3) 将印制电路板对准位置放入壳内。安装时注意对准 LED 位置，若有偏差可轻轻掰动，偏差过大必须重焊；注意三个孔与外壳螺柱的配合；电源线走线不妨碍机壳装配。

(4) 装上中间螺钉，注意螺钉旋入手法。

(5) 装电位器旋钮，注意旋钮上凹点位置。

(6) 装后盖，旋入两边的两个螺钉。

3. 检查

总装完毕，装入电池，插入耳机。要求电源开关手感良好、音量正常可调、收听正常、表面无损伤。

6.3　LED 光立方

三维动态立体显示图案的 LED 光立方,不仅可以像发光二极管点阵一样显示平面的静态或动态画面,而且还可以显示立体的静态或动态画面。LED 光立方打破传统平面二维显示的局限性,可呈现不同花样的立体图案效果,广泛应用于广告媒体显示和立体图案装饰等场合。由于采用了单片机进行显示控制,因此,控制图案及显示效果可以进行方便的更新和调整。

光立方由若干个发光二极管 LED 以立方体形式搭建,结构包括 4*4*4、8*8*8、16*16*16 甚至更多,由单片机、锁存器、译码器等元器件驱动,形成立体动画效果。其中,8*8*8 光立方最为常见。

6.3.1　8*8*8 光立方工作原理

8*8*8 光立方采用 8 层共阴(即每一束 LED 的阴极连接在一起),8 束共阳(即每一层 LED 的阳极连接在一起),通过单片机控制层和束的脉冲状态来控制单个 LED 的亮、灭时间,形成不同的动态图形,给人一种立体的感觉。

如图 6-27 所示,可将 8*8*8 光立方拆分为 8 个面,每个面 64 个 LED 灯,亦即 64 束 LED。从 XY 点阵可以看出,如果要控制 8*8 点阵,需要 16 个引脚。那么有 8 个 8*8 点阵,只需用 8 个引脚来充当各个 8*8 点阵的"开关"即可。

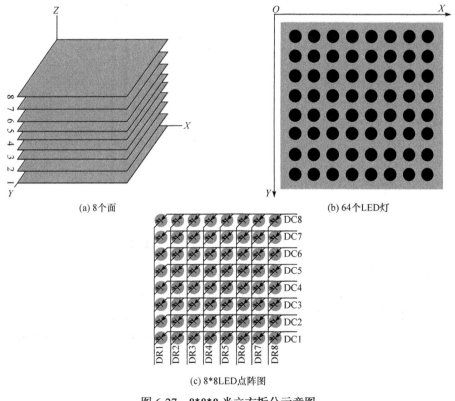

(a) 8 个面　　　　　　(b) 64 个 LED 灯

(c) 8*8 LED 点阵图

图 6-27　8*8*8 光立方拆分示意图

8*8*8 光立方电路主要由四个模块构成：主控模块、驱动模块、显示模块和电源模块。

1. 主控模块

8*8*8 光立方控制结构框图如图 6-28 所示，主控模块以单片机 STC12C5A60S2 为核心，存储器 74HC573 和单片机 P0.0～P0.7 共 8 个 I/O 控制每一层；单片机 P1.0～P1.7 共 8 个 I/O 口连接驱动芯片 ULN2803，控制每一束。通过控制层和束，实现单个 LED 的独立控制。由 STC12C5A60S2 构成的 I/O 管脚分配与最小系统原理图如图 6-29 所示。

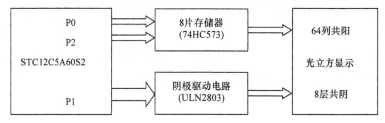

图 6-28　8*8*8 光立方控制结构框图

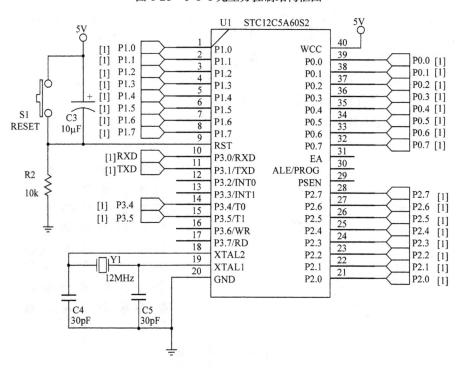

图 6-29　8*8*8 光立方最小系统电路原理图

2. 锁存与驱动模块

驱动模块由 1 个八重达林顿管 ULN2803 芯片和 8 个带数据锁存功能的 74HC573 芯片组成。图 6-30 和图 6-31 分别为存储器电路原理图和驱动电路原理图。数据通过串行的方式分别传送到每一个 74HC573 中，再由内部控制器储存这些数据，从而实现同时点亮一层 64 个灯。

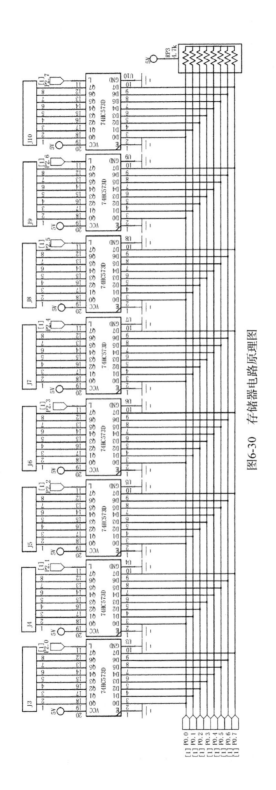

图6-30　存储器电路原理图

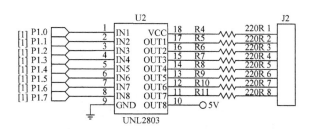

图 6-31   驱动电路原理图

描述一个固定画面的显示，需要硬件执行 8 次扫描过程。

(1) 将第一层 64 个点的数据传入 8 个 74HC573 中，控制 ULN2803 打开第 1 层开关，使第 1 层点亮，这个时候，其他层是熄灭的。

(2) 等待时间 t。

(3) 熄灭第 1 层，开始向 74HC573 传输第 2 层数据，锁存，开启第 2 层总控制开关，点亮第 2 层。

(4) 等待时间 t。

……

熄灭第 7 层，将第 8 层数据传入所有 74HC573 中，锁存，开启第 8 层总开关，点亮第 8 层。再回到(1)，循环下去……

这样，便实现了一个帧画面的显示。由于人眼的视觉暂留特性，只要刷新的频率够快，看到的就是光立方整体一起点亮。为了画面的稳定，间隔点亮时间 t 要保持一致，否则会出现亮度不均的情况。

3. 电源模块

电源模块采用 DC 5V 移动电源供电，D1 为防电源线插反保护二极管，C1 和 C2 组成电源滤波电路，防止外界信号对电路的影响，R1 为电源指示灯 D2 的限流电阻。如图 6-32 所示。

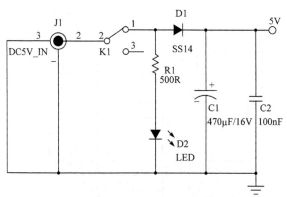

图 6-32   电源模块电路原理图

4. 显示模块

由 8*8*8 个蓝色方形高亮 LED 灯组成，通过单片机编程对其进行控制，使光立方呈现立体的静、动态画面。

由上述电路模块组成的 8*8*8 光立方电路原理图如图 6-33 所示。

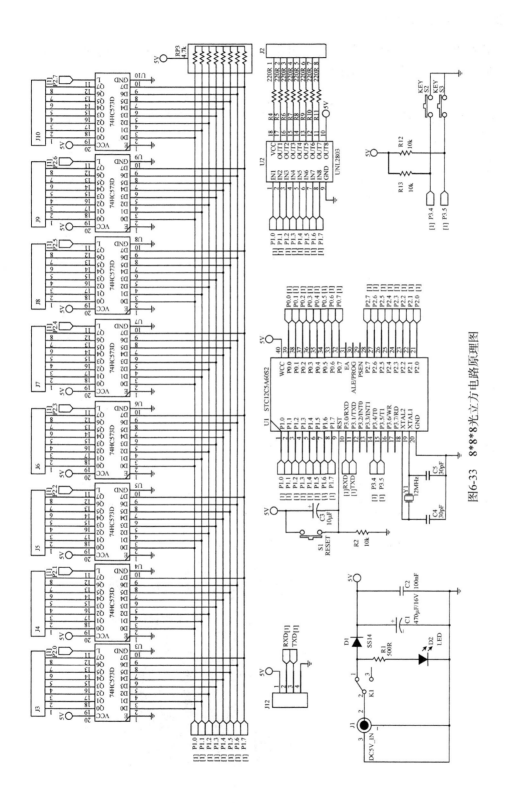

图6-33 8*8*8光立方电路原理图

6.3.2　8*8*8 光立方组件识别

组装 8*8*8 光立方的元器件清单如表 6-5 所示。根据元器件清单的代号和参数，将其与印制电路板上的代号一一对应，明确元器件安装位置。

表 6-5　8*8*8 光立方元器件清单

编号	数量	代号	封装形式	元器件功能及名称
1	8	U3-10	SOP	存储器，74HC573D
2	1	C2	SMD	高频滤波电容，0603，100nF
3	2	C4-5	SMD	振荡电容，0603，30pF
4	1	C3	DIP	复位电容，0603，10μF/16V
5	1	C1	DIP	滤波电容，470μF/16V
6	1	J1	DIP	程序烧写接口，CON-4
7	9	J2-10	DIP	LED 灯底座圆孔座，8*8=64
8	1	J11	DIP	电源接口，DC_POWER
9	4	H1-4	DIP	底座固定孔，3mm
10	1	D1	SMD	保护二极管，SS14
11	1	D2	DIP	LED 电源指示灯，3mm
12	1	R1	SMD	0603，500Ω
13	1	R2	SMD	0603，10kΩ
14	8	R4-11	SMD	0603，220Ω
15	1	R3	DIP	9 针排阻，4.7kΩ
16	1	U1	DIP	40PIN 单片机，STC12C5A60S2
17	1	S1	SMD	按键 1
18	1	S2	SMD	按键 2
19	1	U2	DIP	UNL2803
20	1	Y1	DIP	12MHz 晶振

光立方 PCB 及元器件在其上的安装位置如图 6-34 所示。

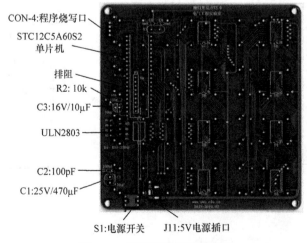

CON-4:程序烧写口
STC12C5A60S2
单片机
排阻
R2: 10k
C3:16V/10μF
ULN2803
C2:100pF
C1:25V/470μF
S1:电源开关　　J11:5V电源插口

图 6-34　底层元器件安装位置

6.3.3　8*8*8 光立方安装流程

8*8*8 光立方的安装流程主要包括搭建 8*8*8 立体矩阵 LED 灯、安装印制电路板上元器件、总装与调试。

1. 搭建矩阵 LED 灯

1) 区分 LED 灯极性

根据封装方式判断：方形高亮 LED 灯及其封装方式如图 6-35 所示，长引脚端为阳极，短引脚端为阴极(当引脚长度受损时此方法可能存在判断误差)；晶片支架面积大端为阴极，支架面积小端为阳极。

数字万用表测量：红笔接"+"，黑笔接"−"；选择电阻 10kΩ 挡测，两表笔接触二极管的两极，电阻较小时，黑表笔所接的是阳极；电阻较大时，黑表笔所接的是阴极。

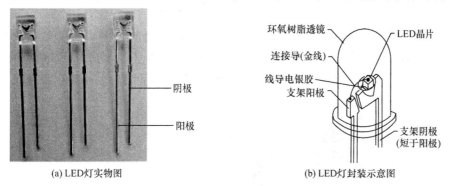

(a) LED灯实物图　　　　　　　　　　(b) LED灯封装示意图

图 6-35　LED 灯及其封装方式

2) LED 灯整形

为了保持光立方的整体通透性和立体感，光立方在安装时没有设计额外的支架，所有的搭接直接采用 LED 的管脚，因此在焊接 LED 灯前需要对其进行整形处理。用镊子将 LED 灯引脚折弯成如图 6-36 所示形状，即将阴极从根部向前弯曲 90°，再将阳极从距根部一定距离处向一旁弯曲，且与阴极垂直。按上述折弯步骤完成 512 个 LED 灯的整形。

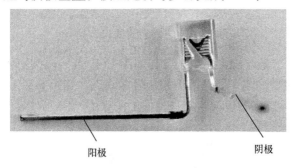

阳极　　　　　　　　　　　　　　阴极

图 6-36　LED 灯折弯效果图

3) 制备 LED 焊接固定板

为了方便焊接，需要制备固定板用于每层 8*8 个 LED 灯的焊接安装。可选择采用激光雕刻工艺在 125mm*125mm 大小的 PVC 板(以聚氯乙烯为原料制成的截面为蜂巢状网眼结构的板材)上雕刻 8*8 个大小为 2.0mm*3.0mm、间距为 15mm 的方形通孔。

4) 焊接 LED 灯

(1) 由点到线将 LED 灯在固定板上排成一行摆好, 其阴极相接处为焊点, 如图 6-37 所示, 实现 8 个 LED 灯共阴。注意: LED 灯摆放时要保持高度一致, 焊接时焊锡不要与 LED 灯及阳极引脚粘连。

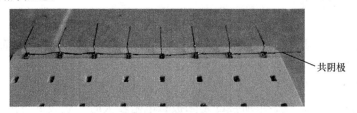

图 6-37　LED 灯共阴极焊接

一行 8 个 LED 灯共阴极焊接完成后, 用数字万用表检测 LED 灯是否能正常点亮。检测方法:选择万用表二极管挡,黑表笔接共阴极引脚,红表笔分别测试 8 个 LED 灯的阳极, 如图 6-38 所示。若 LED 灯能够正常点亮, 则 LED 灯焊接正常; 若不能正常点亮, 则说明 LED 灯焊接损坏, 需要对其进行更换。

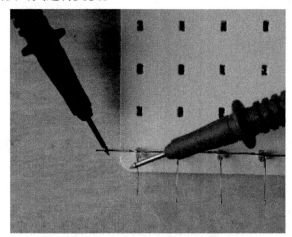

图 6-38　万用表测试 LED 灯

(2) 由线到面重复上述步骤, 完成第 2 行 8 个 LED 灯的焊接安装。然后将第 1 行和第 2 行对应列的阳极焊接在一起, 即其阳极相接处为焊点, 如图 6-39 所示。按此步骤直至完成各个面的焊接。将焊接好的每层中露在外面的阴极引脚向上弯曲 90°, 弯曲时注意不要与阳极引脚相接触。

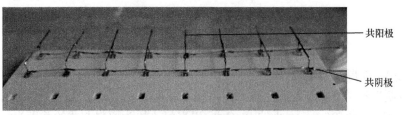

图 6-39　LED 灯共阴极和共阳极焊接

2. 元器件焊接安装

1) 表面贴装元件安装

下面以 BV-TC1706-3DSG 型全自动贴片机为例，介绍在其上进行光立方表面贴装元件 C2、C4、C5、R1、R2、R4-R11 及 U3-U10 的安装操作流程。

如图 6-40 所示，BV-TC1706-3DSG 型全自动贴片机由 4 个系统构成。

(1) 机械系统由 X-Y 工作平台、Z 轴、K 轴、贴装头、自动送料器、自动传送带等组成。

(2) 电控系统由电源模块、工控机模块、运控系统、电机、电磁阀驱动模块、驱动模块等组成。

(3) 图像识别系统由照明光源、CCD 光学系统、图像识别处理专用软件等组成，主要完成对元器件图像识别矫正及 PCB 板的编程定位。

(4) 软件系统可实现对 PCB 坐标设置、机械调整、项目配置、生产、监视等操作。

元器件
焊接安装

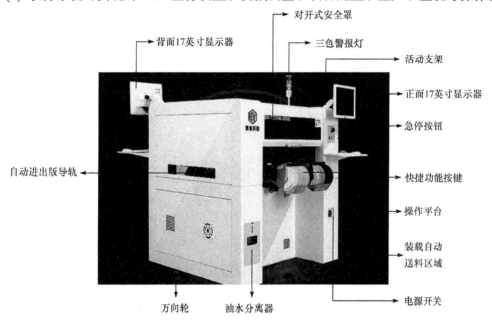

图 6-40　BV-TC1706-3DSG 型全自动贴片机

下面介绍光立方表面贴装元件的软件操作流程。

(1) 打开总电源，工控机启动，进入 Windows 系统。双击桌面"SMT606.exe"图标，进入贴片机运行程序主界面，如图 6-41 所示。单击"登录"图标，在登录窗口选择"管理员"，输入密码"******"，进入系统，单击"启动"图标，进行仪器初始化。

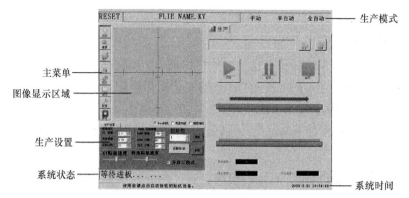

图 6-41　程序主界面

(2) 单击"生产"→"创建"，输入工程名称"test11.ky"，然后选择存放路径，单击"保存"，如图 6-42 所示。

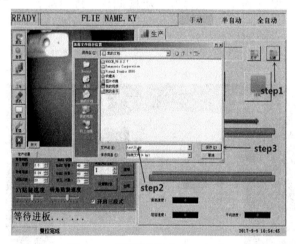

图 6-42　新建工程"test11.ky"

(3) 在如图 6-43 所示的"基板"信息填写界面下，填写 PCB 基板的长度和宽度；单击"调整轨道"，然后在进板处放置光立方 PCB 基板；单击"进板"，使 PCB 基板进入仪器并且顶板固定好；单击"元件"进入"元件"信息填写界面，如图 6-44 所示。

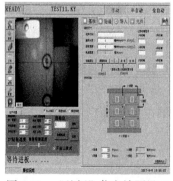

图 6-43　"基板"信息填写界面

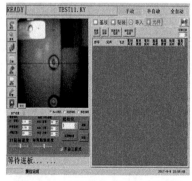

图 6-44　"元件"信息填写界面

(4) 单击"新建元件"进入如图 6-45 所示的"新建元件"设置界面，需要设置的项目如下。

①元件名称：物料名字；②料站类型：共三类，包括编带、料管、托盘；③料位：飞达站号(此种物料对应飞达的站位号)；④视觉：取料后识别相机的识别方式，包括高速相机、精准相机、快速精准、无；⑤Feeder 飞达的 XY 坐标：此种物料的取料位置；⑥1#～6#吸嘴的取料/贴装高度、取料/贴装速度、取料/释放延时。

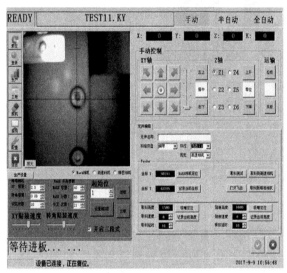

图 6-45　"新建元件"设置界面

依次完成以下 8*8*8 光立方新建元件信息的设置：输入元件名称"C1" →料站类型"编带"→料位"飞达 1"→视觉"高速相机"→单击"MARK 相机定位"。此时 MARK 相机会移动到所选料位附近，如图 6-46 所示。

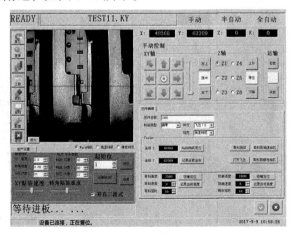

图 6-46　"MARK 相机定位"设置界面

(5) 单击"打开飞达"，移动 XY 轴操作按钮，使红色十字刻度对准飞达出来的第一颗料，单击"记录当前坐标"，按照此方法编制 1#～6#吸嘴对应此飞达的坐标，并全部记录与保存，如图 6-47 所示。

图 6-47　红色十字刻度对准界面

(6) 单击"吸嘴定位"按钮，此时 1#吸嘴会移动到刚才红色十字刻度所对的正上方。单击"下降"按钮使 1#吸嘴下降到刚好接触到料为准，如图 6-48 所示。单击"记录当前高度"按钮，吸料高度保存后 1#吸嘴自动上升回零点。

(7) 移动 1#吸嘴到 PCB 板的上方，在如图 6-47 所示的红色十字刻度对准界面中单击"下降"按钮，使 1#吸嘴刚好接触到 PCB 板，如图 6-49 所示。单击"记录当前高度"按钮，贴装高度保存后 1#吸嘴自动上升回零点。

图 6-48　吸嘴与元件高度定位

图 6-49　吸嘴与 PCB 板高度定位

(8) 在如图 6-47 所示的红色十字刻度对准界面中对以下参数进行设置。

取料/贴装速度设定：设定编带为 7～9，料管为 5～8，料盘为 1～4。

取料/贴装延时设定：设定编带为 1～5，料管为 5～10，料盘取料延时为 10，料盘释放延时为 10。

通过以上步骤，1#吸嘴对应此飞达的参数设置完毕，单击"取料测试"按钮，测试是否能正常取料。

(9) 设置 2#吸嘴对应此飞达的参数(XY 坐标不需要再次设置)，单击图标 ，出现提示框，单击"是(Y)"按钮，设置方法与 1#吸嘴相同。

(10) 设置所有需要吸取此飞达物料的吸嘴参数。参数设置完毕后，单击 图标，然后按照上述方法新建下一个元器件，将光立方 PCB 板所需的表面贴装元件种类全部创建完成后，鼠标单击主界面右上角的 图标进行保存。

(11) 鼠标单击主界面的"贴装"按钮，进入"贴装"设置界面，如图 6-50 所示。

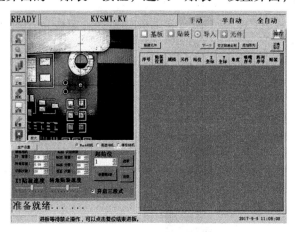

图 6-50　"贴装"设置界面

单击"新建元件"按钮，在"MARK 点信息"栏通过移动 XY 轴，把红色十字线移动到 MARK 点正中间 ，设置 PCB 板上的两个 MARK 点(建议设置距离最远的两个 MARK 点)，如图 6-51 所示。

图 6-51　MARK 点设置窗口

(12) 移动 XY 轴到左上角第一个元器件(R1)焊盘的中间，对以下参数进行设置。

① 元件位置：输入位置名称，一般是印制电路板丝印层的位置号(R1)。

② 元件名：选择这个点对应的元器件(500R) 。

③ 料架位置：可自动更新(1)。

④ 元件角度：输入该元件的角度(0)。

⑤ 吸嘴选择：选择该点需要使用的吸嘴(1)。

完成上述参数设置后，单击"记录当前坐标"按钮，如图 6-52 所示。单击"连续建立"按钮，此时第一个点已经记录完毕，注意画圈内信息的变化，如图 6-53 所示。

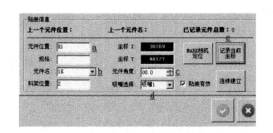 

图 6-52 "记录当前坐标"设置窗口　　　图 6-53 "连续建立"设置窗口

(13) 移动 XY 轴寻找下一个元器件，方法同上。依次寻找光立方 PCB 板上剩下的元器件，找点的顺序不唯一，PCB 板上所有元器件都要进行定位，否则会有元器件缺少贴装。确认无误后，单击 保存，返回到"贴装"界面。

(14) 在"生产"界面，单击"出板"→"全自动"→"开始"进行 PCB 板的贴装生产，如图 6-54 所示。

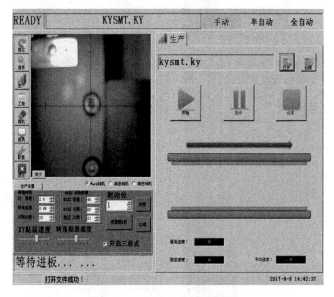

图 6-54 "生产"运行窗口

(15) 生产完成后，需要安全退出系统，单击 图标，退出运行程序→关闭工控机 Windows 系统→关闭仪器电源→关闭仪器气源。

至此，PCB 光立方表面贴装元件安装完成。

2) 分立元器件安装

(1) 8*8*8 LED 灯座。

为了 LED 灯安装的灵活性，制作 LED 灯座，用于 LED 灯在印制电路板上的安装。灯座采用普通圆孔排针[如图 6-55(a)所示]，将其掰开为 72 个独立针座(64 个用于 LED 灯安装，8 个用于 LED 引线接口)，用斜口钳将灯座旁边的塑料剪去，将其焊接在印制电路板 A 面相应位置处[如图 6-55(b)所示]。注意：灯座焊接时应从印制电路板中间向两边焊接安装。

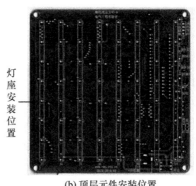

(a) 圆孔排针　　　　　　　　　　　(b) 顶层元件安装位置

图 6-55　灯座在印制电路板上的安装位置

(2) LED 灯座安装完成后，依次手工焊接以下元器件：C1、C3、R3、Y1、J1、J10、J11、S1、S2。注意：J10、J11 焊接时要求时间要短，温度不能太高，否则该元件容易损坏。

6.3.4　总装与调试

1. LED 灯总装

由面到体将 8 面 LED 灯的共阳极引脚依次插入灯座中[如图 6-56(a)所示]，将每个面相同层的阴极焊接一起[如图 6-56(b)所示]，最后在每个面的阴极引出一条导线，并将导线插入灯座中，如图 6-56(c)中细线所示。

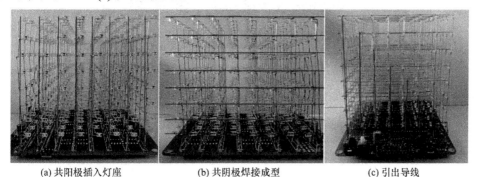

(a) 共阳极插入灯座　　　　　(b) 共阴极焊接成型　　　　　(c) 引出导线

图 6-56　8*8*8 立体矩阵 LED 灯焊接成型

8*8*8 光立方焊接安装完成后需要用数字万用表检测各行各列的在路电阻(电阻在联通电路中的阻值)，确认各在路电阻正常以后再进行通电调试。

2. 调试

8*8*8 光立方的调试主要包括软件调试和整体调试。软件调试主要是将编写好的 C 语言程序编译产生单片机可读取的".hex"二进制文件；整机调试主要是看编写程序端口控制与硬件设计是否匹配，显示结果是否按程序设计执行。

1) 软件调试

编写一段简单程序，要求实现点亮全部 LED 灯。编写此程序的目的是用软件控制的方法检测是否存在焊接安装时损坏 LED 灯的情况。程序编写时只要单片机 STC12C5A60S2

的 P0 口 8 位全部输出高电平，P3 的 8 位同样输出高电平，即语句 "P0=0xff；P3=0xff；" 就可以实现 8*8*8 光立方的全部点亮。软件编译成功后产生 ".hex" 文件，将其下载到单片机进行后续整体调试。

2) 整体调试

采用 DC5V 移动电源插接于 J11 接口，打开电源开关 J10，使系统上电，用万用表检测单片机 U1 的 P40 管脚为 5V 电压，电流大约为 100mA(程序运行过程中，总电流大小会根据点亮 LED 灯的数量不同而发生变化)。观察 8*8*8 光立方中 512 个 LED 灯的点亮情况。判断是否存在焊接过程中损坏的 LED 灯，如有可以记录下来，然后更换该二极管。LED 灯程序运行效果图如图 6-57 所示。

光立方
整体调试
(效果展示)

图 6-57 8*8*8 光立方程序运行效果图

光立方整体调试过程中遇到的常见问题及解决办法如表 6-6 所示。

表 6-6 光立方整体调试遇到的问题及解决办法

故障描述	原因分析	解决办法
某一列 LED 灯全部不亮	该列 LED 灯引脚未与灯座良好接触	重新插紧
动画显示不连贯，有明显停顿	延时过长	减小延时函数参数
动画图案显示不完整	延时过短	增大延时函数参数
LED 灯全部不亮或无任务动画显示	单片机对光立方起不到控制作用	更换单片机芯片
光立方自动死机重启	电源供电问题	更换电源

总结与思考

电子产品的安装与调试是电子产品生产过程中极其重要的两个环节。一件设计精良的电子产品可能因为安装不当而无法实现预期的技术指标，可能由于没有调试好而无法正常工作。因此，必须严格按照工艺要求进行组装，并正确调试制造出性能稳定可靠的电子产品。本章以项目教学模式组织编写，选用生产生活中常见的万用表、收音机、光立方为载体,通过安装和调试整机的过程,培养学生电路识图、安装、检测和调试等专业核心技能。

请读者思考以下问题。

(1) 一个电子产品的安装与调试过程主要包含哪些步骤?

(2) 在印制电路板上安装元器件的基本要求有哪些?

(3) 电子产品安装完成后,为什么要进行调试? 调试工作的主要内容是什么?

(4) DT830B 型数字万用表元器件焊接的顺序应遵循什么原则?

(5) HX3208 型微型贴片收音机焊接完成后,需要进行哪些基本功能调试?

(6) 8*8*8 光立方安装表面贴装元件时为什么选择全自动贴片机?

第 7 章　电子产品综合设计与制作

本章从全国大学生电子设计竞赛中选取了几个典型的例子，从理论分析、方案设计、参数计算、电路和程序设计等环节进行剖析，详细展示电子产品综合设计与制作的过程。全国大学生电子设计竞赛是以电子产品综合设计与制作为主题，面向大学生的专业素质训练和实践能力提高的科技活动。竞赛赛题紧密结合教学实践、着重基础、注重前沿，赛题的实践有利于大学生动手能力和工程实践能力的提高，有利于大学生的创新能力和协作精神的养成，有利于帮助学生针对实际工程问题开展电子系统的验证、设计、制作和测试工作。

全国大学生
电子设计
竞赛介绍

7.1　数控信号发生器

7.1.1　设计任务要求

设计并制作一台简易的数控信号发生器，能够产生实验中所需的各种常用波形以及实现 ASK/FSK/PSK/FM 等四类调制信号。该数控信号发生器产生的信号频率范围广，稳定度高，并且制作的成本较低，非常适合学生用于课外学习、实验和开发等使用。

1. 基本要求

(1) 具有产生正弦波、方波、三角波三种周期性波形的功能。

(2) 输出波形的频率范围为 1kHz～10MHz，频率稳定度优于 10^{-4}。

(3) 具有频率设置功能，频率步进：100Hz。

(4) 输出电压幅度：在 50Ω 负载电阻上的电压峰峰值 $V_{pp} \geqslant 1V$。

(5) 失真度：用示波器观察时无明显失真。

2. 提高要求

(1) 信号频率可调，频率步进间隔为 1Hz 和 1kHz，或者用键盘输入调整的频率值后直接调频。

(2) 具有稳定幅度输出的功能，当负载变化时，输出电压幅度变化不大于±3%(负载电阻变化范围：100Ω～∞)。

(3) 产生模拟频率调制(FM)信号：在 100kHz～10MHz 频率范围内产生 10kHz 最大频偏，且最大频偏可分为 5kHz/10kHz 二级程控调节，正弦调制信号频率为 1kHz，调制信号自行产生。

(4) 产生二进制 PSK、FSK、ASK 信号。ASK/PSK 在 100kHz 固定频率载波进行二进制键控，二进制基带序列码速率固定为 10kbit/s，二进制基带序列信号自行产生；FSK 的载频为 100kHz 和 20kHz，进行二进制键控。

(5) 输出的正弦信号波形幅度范围 1～10V(峰峰值)，并且可按步进 0.2V(峰峰值)程控调整。

7.1.2　系统方案设计

根据题目要求的设计指标，该系统以直接数字合成(direct digital synthesizer, DDS)技术作为信号产生方式，采用单片机和闭环控制结构实现输出信号的参数选择、调制控制等各项功能，其总体系统框图如图 7-1 所示。

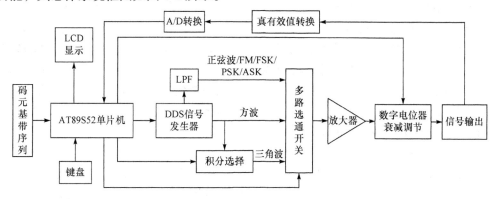

图 7-1　数控信号发生器系统框图

该系统以 AT89S52 为微处理器，外围电路配以键盘、LCD 显示屏等模块，用于负责用户与系统之间的信息交互。DDS 及调制电路模块由 AD9850 和 ASK/FSK/PSK/FM 调制电路组成。AD9850 负责在数字域内实现 ASK/FSK/PSK/FM 四类调制信号的产生以及正弦波、方波的合成，输出的方波经积分电路后形成三角波。由于输出信号的频率要求达到 10MHz，因此，信号滤波电路采用电气特性优良的高速运算放大器构建一个有源二阶低通滤波器来实现，用以去除 DDS 合成信号固有的高次谐波成分。信号放大电路同样采用高速运算放大器，使输出信号的幅度能达到题目要求。系统采用 RC 积分电路将方波信号转换成三角波。在电源设计上，由于 AD9850 内的 10 位高速 DAC 对模拟地和数字地之间的串扰十分敏感，串扰会造成输出波形的质量下降。故本系统采取线性电源用于给模拟电路和数字电路分别供电，在模拟地和数字地之间用磁珠相连。由于磁珠具有抑制信号线、电源线上的高频噪声和尖峰干扰，以及具有吸收静电脉冲的能力，所以能够最大程度地隔离开模拟电路和数字电路，使得输出的信号质量得以保证。

1. 正弦信号产生方案

根据题目要求，信号发生器需要产生频率稳定度、精确度均较高的正弦信号，而且还需要采用一定方式精确控制频率等参数，所以这里采用单片机程序控制和 DDS 技术相结合来实现正弦信号的输出。DDS 技术频率具有分辨率高、转换速度快、信号纯度高、相位可控、输出信号无电流脉冲叠加、输出可平稳过渡且相位可保持连续变化等特点，其原理框图如图 7-2 所示。

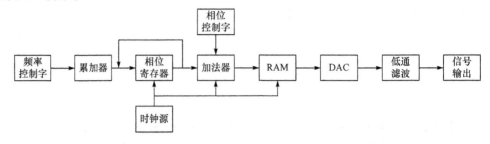

图 7-2　DDS 原理框图

这里采用的核心器件 AD9850，是美国 AD 公司采用先进的 DDS 技术于 1996 年推出的高集成度 DDS 频率合成器，采用 CMOS 工艺，其功耗在 3.3V 供电时仅为 155MW。它内部包括可编程 DDS 系统、高性能 DAC 及高速比较器，能实现全数字编程控制的频率合成器和时钟发生器。接上精密时钟源，AD9850 可产生一个频谱纯净、频率和相位都可编程控制的模拟正弦波输出。AD9850 控制简单，可以用 8 位并行口或串行口直接输入频率、相位等控制数据。在 32 位频率控制字和 125MHz 时钟下，输出频率分辨率为 0.029Hz，频率范围为 0.1Hz～40MHz，幅值范围为 0.2～1V。

2. 模拟频率调制(FM)信号实现方案

频率调制方案采用单片机编程实现直接调频。这种方法的优点是在实现线性调频的要

图 7-3　直接调频法原理框图

求下，可以获得相对较大的频偏。它的主要缺点是会导致 FM 波的中心频率偏移，频率稳定度差，在许多场合对载频采取自动频率微调电路(AFC)来克服载频的偏移或者对晶体振荡器进行直接调频。在直接调频法中，振荡器与调制器合二为一，在实现线性调频的要求下，可以获得相对较大的频偏，其原理框图如图 7-3 所示。

根据题目要求，调制信号的频率固定为 1kHz 正弦信号，在系统方案中将要产生的正弦信号幅度值存储在单片机存储单元中，并且换算好相应的频率控制字，直接根据调制信号的当前电压值控制 AD9850 产生相应的频率。通过单片机中断对外部调制信号进行采样(采样频率设定为 40kHz)，单片机对采样值进行转换，把采样到的调制信号的电压值，通过线性运算转换为对应的频偏值，最后将频偏值与中心频率相加并换算为相应的频率控制字送到 AD9850，这样就实现了对 1kHz 调制信号的调频并且满足 10kHz 的最大频偏。

3. 二进制 ASK、PSK、FSK 信号实现方案

通过设计单片机程序，使其对外控制 DDS 芯片，从而产生 ASK/PSK/FSK 三类调制信号。

(1) ASK：采用单片机编程控制 DDS 芯片，根据基带信号控制输出 100kHz 正弦载波。当基带信号选择为 1 时输出 100kHz 的载波，基带信号选择为 0 时输出为 0。

(2) PSK：采用单片机控制 DDS 芯片，根据基带信号改变正弦载波的相位。当基带信号为 1 时输出相位为 0° 的载波，当基带信号为 0 时输出相位为 180° 的载波。

(3) FSK：根据基带信号改变 AD9850 的频率控制字。当基带信号选择为 1 时产生 100kHz 的正弦波，基带信号选择为 0 时产生 20kHz 的正弦波。

7.1.3　电路设计及相关参数计算

1. 载频参数计算

设计要求：输出波形的频率范围为 1kHz～10MHz，频率稳定度优于 10^{-4}；输出信号频率可调，频率步进间隔基础部分为 100Hz，发挥部分为 1Hz 和 1kHz，或者用键盘输入调整的频率值后直接调频。

AD9850 的输出频率带宽理论值为 $50\% \times f_s$（f_s 为 AD9850 的参考时钟，频率为 66MHz），考虑到低通滤波器的特性和设计难度，实际的输出频率为 $15\% \times f_s$。本设计中的输出频率为 1kHz～10MHz，所以具有很好的幅频特性。

系统频率调节的步进间隔为 1Hz、100Hz 和 1kHz。当 AD9850 的时钟频率为 66MHz 时，最小频率分辨率可达 0.01536Hz，充分满足频率调整步进的要求。

2. 滤波电路参数计算

设计要求：输出最大频率为 10MHz 的正弦波。

滤波电路采用 AD811 芯片来组建，确定电容 C 为 100pF，截止频率为 10MHz，根据 $F_c = \dfrac{1}{2\pi RC}$ 计算出电阻值 $R = \dfrac{1}{(2\pi \times 10^7 \times 10^{-10})} = 159.24(\Omega)$，电路如图 7-4 所示。

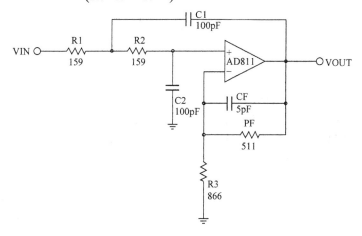

图 7-4　有源二阶低通滤波器设计

图 7-4 中，$R_1 = R_2 = 159\Omega$，$C_1 = C_2 = 100\text{pF}$，其截止频率为 $F_c = \dfrac{1}{2\pi R_1 C_1} = 10\text{MHz}$，其零频率处增益为 $G = 1 + \dfrac{R_f}{R} = 1.6$。

3. 放大电路参数计算

本设计的提高要求中，输出的正弦信号波形幅度范围为 1~10V(峰峰值)。当负载变化时，输出电压幅度变化不大于±3%(负载电阻变化范围：100Ω~∞)。该要求需要系统输出具有较好的负载能力。所以，系统的放大芯片电路选用 AD811 芯片。该芯片采用±15V 双电源供电时，输出电流可达 100mA，输出电压可达±12V，能够满足设计的参数指标要求。采用 AD811 构建的典型信号放大电路如图 7-5 所示。其中，R_{FB} 是一个数控电位器。当 $R_{FB} = 619Ω$，$R_G = ∞$，$R_L = 150Ω$ 时，该放大电路的增益为 10。

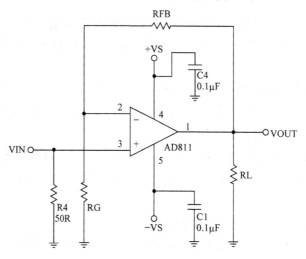

图 7-5　信号放大电路

4. 积分电路设计

由于信号频率很宽，因此积分电路也选用电气特性优良的高速运算放大器 AD811 来加以构建。

5. 模拟频率调制电路分析及参数计算

用单片机控制实现的模拟频率调制信号电路，其原理框图如图 7-6 所示。FM 的瞬时频率可分解为：中心频率和瞬时的频率偏移量。而瞬时的频率偏移量与调制信号的当前电压值成正比，根据题目要求调制信号是频率固定的 1kHz 正弦波，所以系统省去了繁杂的采样和运算，直接把对应于 1kHz 正弦波的频偏控制字存储为一个表。

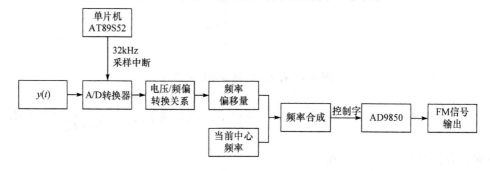

图 7-6　模拟频率调制电路模块

可行性分析：根据奈奎斯特抽样定理，要从抽样信号中无失真地恢复原信号，抽样频率应大于调制信号最高频率的 2 倍。本系统采用抽样频率为 40kHz，对一个完整的 1kHz 正弦波信号均匀抽样 40 次，这样只需记录 1/4 个波形，即只要固化 11 个数据就可以达到目的。由于 AT89S52 单片机采用 33MHz 时钟频率，对于所产生的 1kHz 正弦波在一个周期内要经历 2750 个时钟周期，即每个抽样点之间会间隔 68 个机器周期。如果改变定时器的配置，就改变抽样点产生的时间间隔从而改变产生的正弦波的频率。

7.1.4　系统软件功能设计

系统的软件功能主要在以 AT89S52 为核心的单片机系统上通过编程实现，其主要的任务包括：键盘输入控制、液晶显示控制、调制信号的功能切换、AD9850 DDS 芯片控制和驱动以及控制其他模块工作等功能。

1. LCD 显示页面和键盘设计

为了使操作界面更直观，设计了 LCD 显示的菜单结构，如图 7-7 所示。

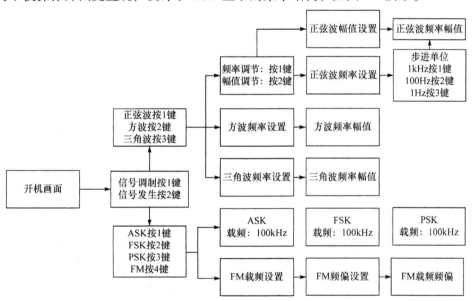

图 7-7　LCD 显示的菜单结构

键盘主要用于选择信号波形、信号调制类型及输入频率值等，其按键定义如图 7-8 所示。键盘采用 4*4 行列式，共 16 个按键，包括：10 个数字键(0～9)，1 个确定键(OK)，1 个取消键(Back)，1 个单位切换键(kHz)，一个空白键，以及 "+"、"-" 键各一个。其中，数字 0～9 键用于输入频率值和选择不同情况下的功能复用，"+"、"-" 键用于调节频率和幅值。

1	2	3	kHz
4	5	6	+
8	7	9	-
0	Back		OK

图 7-8　按键定义

2. 功能菜单的结构设计

本软件设计了四级菜单结构及友好提示界面，用户根据菜单的提示信息进行操作，方便简单，菜单结构如图 7-9 所示。

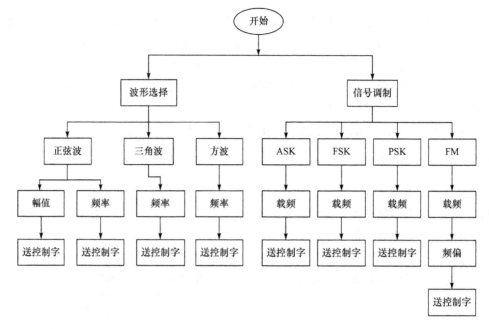

图 7-9　四级菜单结构

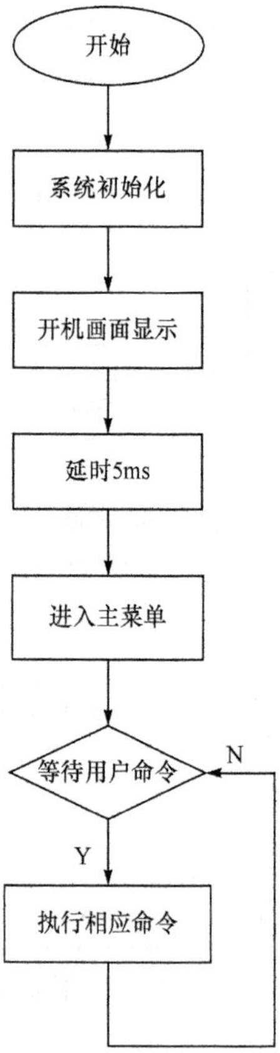

3. 主程序流程图

主程序完成堆栈指针设置、中断设置、对 AD9850 的初始化及 LCD 模块的初始化等功能。在单片机初始化完成后系统按默认配置运行，等待用户的指令，主程序流程图如图 7-10 所示。

4. 键盘中断服务程序流程图

键盘中断服务程序流程图如图 7-11 所示。当键盘中断服务程序响应后，首先读入键值，再根据键值，执行相应的功能。根据图 7-8 所示的按键定义，DDS 信号发生器共设置了 15 个功能键，有些按键在不同的功能模式下会有不同的功能。在执行键盘中断服务程序时，用户根据显示器上面的菜单选项选择所需的功能和设置相应的参数。

5. 向 AD9850 发送频率控制字流程图

如图 7-12 所示，在键盘输入频率值后，由单片机控制向 AD9850 输送控制字。

6. 数字调制信号产生流程图

如图 7-13 所示，在键盘输入数字调制类型后，可实现基带信号的数字调制功能。

图 7-10　主程序流程图

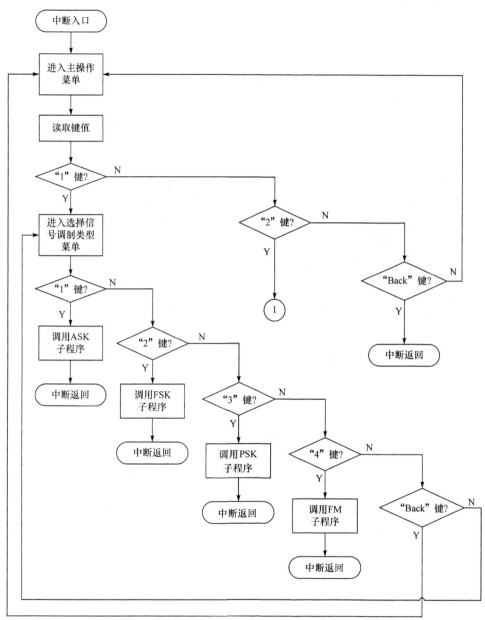

(a) 部分流程图1

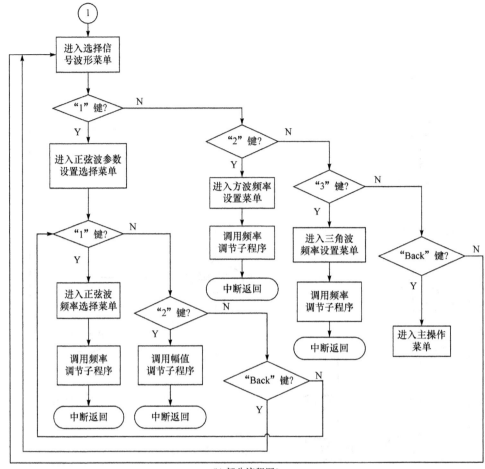

(b) 部分流程图2

图 7-11　键盘中断服务程序流程图

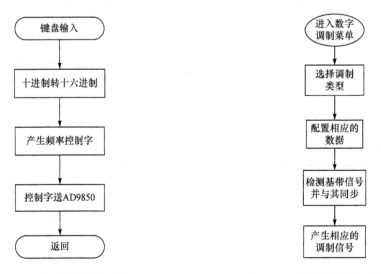

图 7-12　控制字发送流程图　　　　图 7-13　数字调制信号产生流程图

7.2　开关电源模块并联供电系统

7.2.1　设计任务要求

设计并制作一个由两个额定输出功率均为 16W 的 8V DC/DC 模块构成的并联供电系统，如图 7-14 所示。

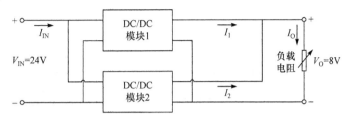

图 7-14　开关电源模块并联供电系统电路原理图

1. 基本要求

(1) 调整负载电阻至额定输出功率工作状态，供电系统的直流输出电压 $V_O = 8.0 \pm 0.4V$。

(2) 额定输出功率工作状态下，供电系统的效率不低于 60%。

(3) 调整负载电阻，保持输出电压 $V_O = 8.0 \pm 0.4V$，使两个模块输出电流之和 $I_O = 1.0A$，且按 $I_1 : I_2 = 1:1$ 模式自动分配电流，每个模块的输出电流的相对误差绝对值不大于 5%。

(4) 调整负载电阻，保持输出电压 $V_O = 8.0 \pm 0.4V$，使两个模块输出电流之和 $I_O = 1.5A$，且按 $I_1 : I_2 = 1:2$ 模式自动分配电流，每个模块输出电流的相对误差绝对值不大于 5%。

2. 提高要求

(1) 调整负载电阻，保持输出电压 $V_O = 8.0 \pm 0.4V$，使负载电流 I_O 在 1.5~3.5A 之间变化时，两个模块的输出电流可在 0.5~2.0A 范围内按指定的比例自动分配，每个模块的输出电流相对误差的绝对值不大于 2%。

(2) 调整负载电阻，保持输出电压 $V_O = 8.0 \pm 0.4V$，使两个模块输出电流之和 $I_O = 4.0A$，且按 $I_1 : I_2 = 1:1$ 模式自动分配电流，每个模块的输出电流的相对误差的绝对值不大于 2%。

(3) 额定输出功率工作状态下，进一步提高供电系统效率。

(4) 具有负载短路保护及自动恢复功能，保护阈值电流为 4.5A(调试时允许有 ±0.2A 的偏差)。

7.2.2　系统方案设计

按任务要求，所设计的并联供电系统由两路额定功率均为 16W/8V 的 DC/DC 模块构成，这里具体实现采用两个开关电源单元并联的方案。为保证输出电压稳定为 8V，并且能按预置的比例在适当的范围内自动分配电流，达到"均流"的效果，由此设计如图 7-15 所示的并联供电系统。该系统选择集成降压稳压芯片 TPS5450 作为 DC/DC 控制模块的核心器件，选择二极管 LTC4352 作为反向保护器件，采取模拟和数字相结合的控制方法。其整体结构框图如图 7-15 所示。

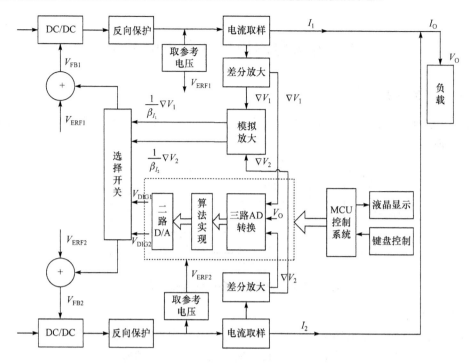

图 7-15   整机设计方案框图

1. DC/DC 控制模块方案

基于低功耗和简化设计的考虑，题目要求发挥的输出电流范围为 1.5～3.5A，输出电压范围要求为 8.0±0.4V，误差范围为 5%。这里选择集成电压转换器芯片 TPS5450 作为电压转换芯片。TPS5450 是一款低功耗的降压型集成稳压芯片，输出电压范围是 5.5～36V，误差范围是 1.5%，最大输出电流为 5A，关断电流仅为 18μA，具备过压保护和过热保护功能。工作温度范围是−40～125℃。24V 电源经过降压稳压后输出要求的 8V 电压。因此，该系统选择以集成电压转换器芯片 TPS5450 为核心的 DC/DC 控制模块方案。

2. 电流反向保护模块方案

因为存在两路供电，有可能出现一路电流过大而另外一路电流过小的情况，这时会造成电流反向流入另外一路而损坏器件，因此需要增加电流反向保护模块，防止电流反向。在本系统中，选择二极管 LTC4352 作为电流反向保护的核心器件。LTC4352 是一款低压差的二极管，输入电压范围是 2.9～18V，其管压降只有 25mV，远远小于普通二极管 0.7V 的压降，因此用它作为单向导通的保护二极管不会对整体的电压输出造成较大的影响。

3. 电压电流检测单元方案

为了达到题目要求的输出稳定+8V 的电压和按比例分配的电流，需要通过反馈来调节电压和电流，就此对输出的电流进行取样，以电压的形式输出。为了在不影响后级负载的同时又要保证精度，系统选择用康铜丝来构建精密小电阻，大小仅为几十 mΩ，通过约 1A 左右的电流后产生几十 mV 的电压，通过差分放大器后得到取样电压，然后把得到的电压送入控制单元进行反馈控制，如图 7-16 所示。

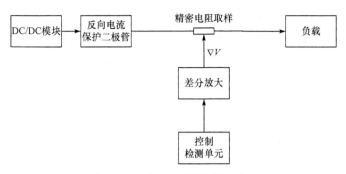

图 7-16　电压电流检测原理图

4. 电流均匀分配方案

系统的电流均匀分配方案采用模拟控制和数字控制结合的方式，模拟电路进行控制简单可行，数字电路控制方便高效，可以把两者有效地结合起来使用。利用电位器来完成电流比例的分配，通过调节电位器改变送入差分放大的采样电压，以此来反馈调节电流分配比例。利用数字器件来实现任意比例的分配。这样，在一般情况下只需要拨动选择开关就能改变几种常用的比例分配，在实现其他比例分配的时候，就可以通过数字器件来控制，通过与单片机相连的控制键盘就能方便的改变比例分配系数。通过一个开关就能选择利用模拟器件控制或者数字器件控制，其示意图如图 7-17 所示。

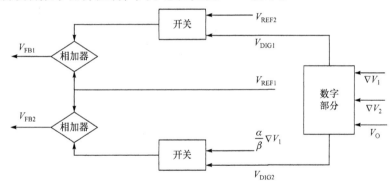

图 7-17　电流均匀分配原理图

由于本系统对精度要求较高，每个模块的输出电流相对误差的绝对值不大于 2%，因此肯定会用到数字器件控制。但模拟器件可以脱离控制系统独立工作，工作的可靠性可以得到保障，在控制系统出现异常的情况下照样能够正常工作。

5. 系统供电方案

由于系统需要多种电压幅值的电源，同时考虑到系统功耗要求和效率要求，系统在供电方案上，选用降压型开关稳压电源控制器 LM2576 和低压差线性稳压电源(low dropout regulator，LDO)芯片 LM1117-3.3、LM1117-5 来构建电源电路，如图 7-18 所示。LM2576 将高电平 24V 输入进行转换，LM1117-3.3 和 LM1117-5 分别输出运放模块和单片机控制模块所需要的+5V 和+3.3V 直流电源。LM1117-3.3 输出+3.3V 电源为单片机供电，LM1117-5 输出+5V 电源为系统的其他芯片供电。LM1117 是一款低压差的线性稳压器，当输出 1A 最大电流时，输入输出的电压差典型值仅为 1.2V，而且多用于开关电源的后级稳压。LM1117-5

输出电压的电压线性度为 0.2%，精度高达±1%，稳定度好。LM1117 系列芯片特别适合开关电源的后级稳压，因此对本系统非常适用。

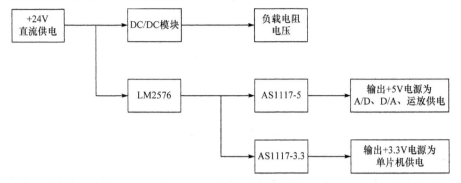

图 7-18　供电电路原理图

7.2.3　电路设计及相关参数计算

1. DC/DC 降压稳压电路

DC/DC 降压稳压电路的设计如图 7-19 所示。该模块以集成电压转换器芯片 TPS5450

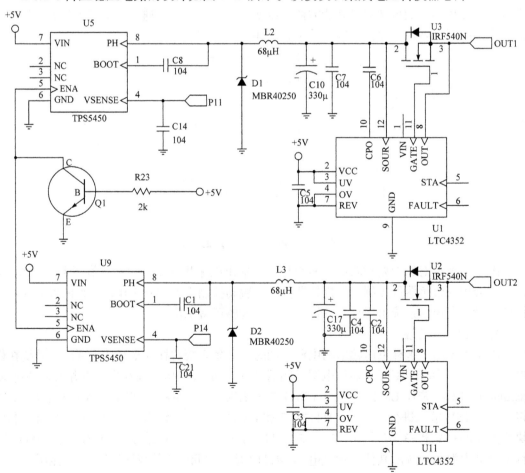

图 7-19　DC/DC 降压稳压电路图

为核心，+24V 电源由 POWER 端输入，输出电压通过内部反馈调节稳定在+8V。其具体的电路工作过程为：+24V 电压信号从 TPS5450 的 VIN 端输入到该 DC/DC 降压稳压电路。在 TPS5450 器件上，设置内部参考电压为 1.221V，误差为 1.5%，反馈端连接到 VSENSE 端。+24V 输入电压通过芯片内部的比较器模块，与产生的锯齿波 V_s 信号相比较。当 $V_{FB} > V_s$ 时，产生高电平输出；当 $V_{FB} < V_s$ 时，产生低电平，从而产生 PWM 信号。PWM 信号的占空比通过电路的反馈电压值进行调节，不同的 PWM 信号的占空比，会造成输出电压信号的有效值不同，从而造成后续变换后产生的电压有效值也不一样。通过反复调节，可以使得反馈电压稳定在 1.221V，这样，最终使得+24V 电压经 TPS5450 反馈调节后，稳定的输出有效值为+8V 电压。在该电路中，二极管 LTC4352 作为保护二极管，防止电流分配失调时倒灌损坏器件。电感 L_2、L_3 作为滤波电感，电容 C_{10}、C_{17} 作为滤波退耦电容，用于去除输出电源的干扰噪声。

2. 反馈调节控制电路的设计及相关参数计算

要使 DC/DC 降压稳压电路能以较高稳定性的输出 8V 电压信号，就必须采用闭环反馈的方式实现电路的控制，这里系统采用如图 7-20 所示的反馈调节电路。

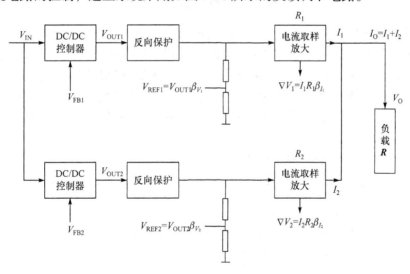

图 7-20　反馈调节电路原理图

设置四个变量分别为变量：β_{V_1}、β_{V_2}、β_{I_1}、β_{I_2}，其中，β_{V_1} 为 1 支路电压反馈系数，β_{V_2} 为 2 支路电压反馈系数，β_{I_1} 为 1 支路电流反馈系数，β_{I_2} 为 2 支路电流反馈系数。

由反馈控制电路可得如下的两个电气关系式

$$\begin{cases} V_{OUT1}\beta_{V_1} - I_1 R_1 \beta_{I_1} = V_{r1} \\ V_{OUT2}\beta_{V_2} - I_2 R_2 \beta_{I_2} = V_{r2} \end{cases} \tag{7-1}$$

$$\begin{cases} V_{OUT1} - I_1 R_1 = V_O \\ V_{OUT2} - I_2 R_2 = V_O \end{cases} \tag{7-2}$$

预设两路电流分配关系为 $I_2 : I_1 = \alpha : 1$，则得到

$$V_O = \frac{V_{r2}}{\beta_{V_2} + \dfrac{\alpha}{1+\alpha}\dfrac{R_2}{R_L}(\beta_{V_2} - \beta_{I_2})} \tag{7-3}$$

要使 R_L 调整时 V_O 保持不变，则要使 $\dfrac{\alpha}{1+\alpha}\dfrac{R_2}{R_L}(\beta_{V_2} - \beta_{I_2})$ 趋近于 0，得到 $\beta_{V_2} \approx \beta_{I_2}$ 代入式(7-3)得到

$$V_O = \frac{V_{r2}}{\beta_{V_2}} \tag{7-4}$$

所以有

$$\beta_{I_2} = \beta_{V_2} = \frac{V_{r2}}{V_O} \tag{7-5}$$

同理可求出

$$\beta_{I_1} = \beta_{V_1} = \frac{V_{r1}}{V_O} \tag{7-6}$$

所以只要对反馈系数加以控制，就能使输出达到稳定。而这些反馈系数既可以通过模拟的方法来实现，也可以通过数字的方法来实现。模拟方法就是通过控制取样比例系数和放大倍数来控制，数字部分直接利用带 A/D、D/A 的单片机通过编程就可实现。用模拟控制方法时，因为本系统是单电源供电，因此在系统设计中，只要满足两路反馈 $V_{FB2} > V_{FB1}$，就能完成减法运算，从而节省了必须用双电源供电带来的额外功耗，降低了电路复杂度。

3. 电流、电压检测电路和均流电路设计及相关参数计算

电流、电压检测电路和均流电路的设计如图 7-21 所示，其基本原理是通过精密小电阻

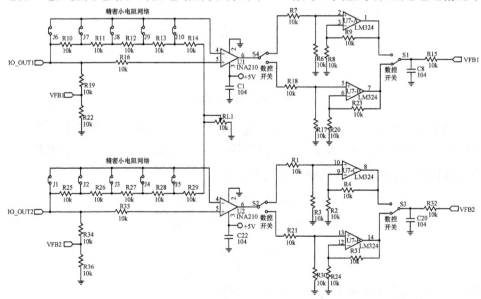

图 7-21　电流电压检测电路及均流电路

对输出电压电流信号进行取样，该取样电阻大约为 50mΩ 左右，取样电压经过差分放大器 INA210 进行放大后得到 ∇V，同时通过电阻 R_{19} 和 R_{22} (另外一路是 R_{34} 和 R_{36})分压后得到参考电压 V_{REF1} 和 V_{REF2}，经集成运放后输出 V_{FB1} 和 V_{FB2} 反馈到 TPS5450 的 VSENSE 端调节输出电压稳定到 8V，输出电流稳定在调节设置的比例上。反馈电压由 VSENSE 端引入，反馈电压取自两部分，一部分是电流取样后的 $\beta_{I_1}\nabla V_1 = I_1 R_1 \beta_{I_1}$，另外一部分是 R_{19} 和 R_{22} 引入的反馈 $\beta_{V_1}V_{\text{OUT1}}$，两路反馈共同调节使输出电压信号稳定。另外，TPS5450 内部参考电压设置为 1.221V。

当系统稳定时，应有 $V_{\text{FB}} = 1.221$V，且满足

$$\begin{cases} V_{\text{REF1}} = \dfrac{R_{22}}{R_{19} + R_{22}}V_{\text{O}} \\[3mm] V_{\text{REF2}} = \dfrac{R_{36}}{R_{34} + R_{36}}V_{\text{O}} \end{cases} \tag{7-7}$$

设定 $V_{\text{O}} = 8$V，$R_{34} = R_{19} = 10\text{k}\Omega$，可得

$$\begin{cases} R_{22} = \dfrac{R_{19}}{\dfrac{V_{\text{O}}}{V_{\text{REF1}}} - 1} = \dfrac{10}{\dfrac{8}{1.221} - 1} = 1.8(\text{k}\Omega) \\[5mm] R_{36} = \dfrac{R_{34}}{\dfrac{V_{\text{O}}}{V_{\text{REF2}}} - 1} = \dfrac{10}{\dfrac{8}{1.221} - 1} = 1.8(\text{k}\Omega) \end{cases} \tag{7-8}$$

通过计算，R_{22} 取 1.8kΩ，R_{36} 取 1.8kΩ。

4. 系统供电电路设计及相关参数计算

对于高精度的系统设计，要求电源的稳定性及精密度好。为了给整机提供稳定的工作电压，系统采用二次稳压、多级去噪的措施设计了一个精密的供电电路。对于供电要求高的模拟电路，采取稳压基准二次稳压的方法。

整机系统主要供电电路原理图如图 7-18 所示。系统的外部输入电压为+24V，经第一级稳压 LM2576 后输出+6.5V 电压，该电压被分成两路，一路经 LM1117-3.3 二级稳压后输出+3.3V 电压，为单片机系统板供电；另外一路由 LM1117-5.0 二级稳压后输出+5V 电压，为系统的其他芯片供电。图 7-22 展示了采取稳压基准二次稳压的方法提供+5V 供电的电源电路。

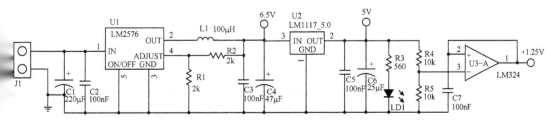

图 7-22　二次稳压的+5V 供电电路图

在图 7-22 中，LM2576 是通过反馈调节使输出稳定在 6.5V。LM2576 的内部参考电压是 1.23V，取 $R_2 \approx 1 \times 10\text{k}\Omega$，$R_1 = 2\text{k}\Omega$，$V_{\text{OUT1}} = 6.5\text{V}$，且满足

$$V_{\text{REF}} = \frac{R_1}{R_2 + R_1} V_{\text{OUT1}} \tag{7-9}$$

则

$$R_2 = R_1 \left(\frac{V_{\text{OUT1}}}{V_{\text{REF}}} - 1 \right) = 8.6\text{k}\Omega \tag{7-10}$$

在图 7-22 中，LM324 设计为电压跟随器，其后端稳定输出电压为 1.221V。由于前级的 LM1117 输出为 5V，而电路中取 $R_4 = 10\text{k}\Omega$，且满足

$$V_{\text{OUT2}} = \frac{R_5}{R_4 + R_5} V_{\text{IN}} \tag{7-11}$$

$$R_5 = \frac{R_4}{\dfrac{V_{\text{IN}}}{V_{\text{OUT2}}} - 1} = 3.23\text{k}\Omega \tag{7-12}$$

通过计算，R_2 取 8.6kΩ，R_5 取 3.23kΩ。

5. 控制模块选型

本系统的控制器选用 TI 公司的 MSP430F2816 单片机，通过编程可以实现开关电源模块并联供电系统输出电流比例系数的步进增减。MSP430F2816 单片机是一种低功耗、高性能的 16 位单片机。它采用了精简指令集结构，具有丰富的寻址方式，还有高效的查表处理指令。上述特点保证了利用该单片机可编制出高效率的源程序。在 25MHz 晶体的驱动下，该单片机可以实现 40ns 的指令周期。除此之外，该单片机其电源电压仅为 3.3V。而且 MSP430F2816 单片机内部集成有 A/D，因此减少了外围器件，精简了电路，提高了效率。

7.2.4 系统软件功能设计

系统程序由主程序、定时器中断程序、A/D 中断程序和键盘中断程序四部分组成。主程序的主要工作包括程序初始化、扫描键盘、响应键盘和设定反馈系数初始值等，主程序流程图如图 7-23 所示。

历届电赛
题目类型
介绍

7.3 纸张计数显示装置

7.3.1 设计任务要求

设计并制作纸张计数显示装置，其组成如图 7-24 所示。两块平行极板(极板 A、极板 B)分别通过导线 a 和导线 b 连接到测量显示电路，装置可测量并显示置于极板 A 与极板 B 之间的纸张数量。

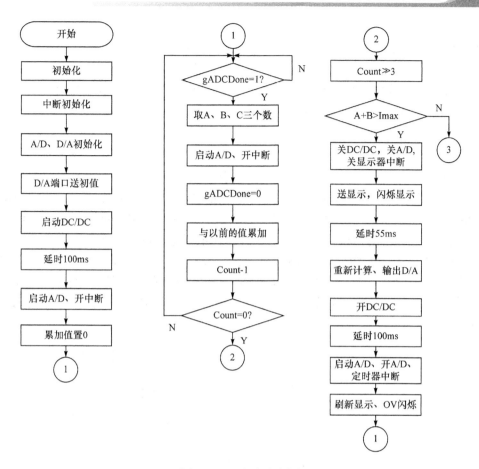

图 7-23　主程序流程图

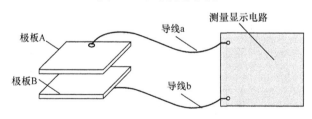

图 7-24　纸张计数显示装置组成

1. 基本要求

(1) 极板 A 和极板 B 上的金属电极部分均为边长 50±1mm 的正方形，导线 a 和导线 b 长度均为 500±5mm。测量显示电路应具有"自校准"功能，即正式测试前，对置于两极板间不同张数的纸张进行测量，以获取测量校准信息。

(2) 测量显示电路可自检并报告极板 A 和极板 B 电极之间是否短路。

(3) 测量置于两极板之间 1～10 张不等的给定纸张数。每次在极板间放入被测纸张并固定后，一键启动测量，显示被测纸张数并发出一声蜂鸣。每次测量从按下同一测量启动键到发出蜂鸣的时间不得超过 5s，在此期间对测量装置不得有任何人工干预。

2. 提高要求

(1) 极板、导线均不变，测量置于两极板之间 15～30 张不等的给定纸张数。对测量启动键、显示蜂鸣、测量时间、不得人工干预等有关要求同"基本要求(3)"。

(2) 极板、导线均不变，测量置于两极板之间 30 张以上的给定纸张数。对测量启动键、显示蜂鸣、测量时间、不得人工干预等有关要求同"基本要求(3)"

7.3.2　系统方案设计

本系统以电容数字转换器 FDC2212 芯片为核心，以 STM32 单片机为主控制器，通过 FDC2212 芯片对两电极板间的电容变化数据的接收和处理，使用可靠的程序控制输出来实现高精度测量纸张任务的各项要求。整个系统通过串口显示屏界面显示出可进行的操作，包括自校准、自检以及一键启动测量并显示纸张数量等功能。本方案系统主要由电源模块、电容测量处理模块、STM32 单片机以及串口显示屏等几个主要部分构成，系统框图如图 7-25 所示，通过合理的电路设计以及程序控制实现了题目的各个要求，并在题目要求范围内做出了自己的发挥，加上了语音播报，执行时间显示、测试范围达到 60 张以上等功能。

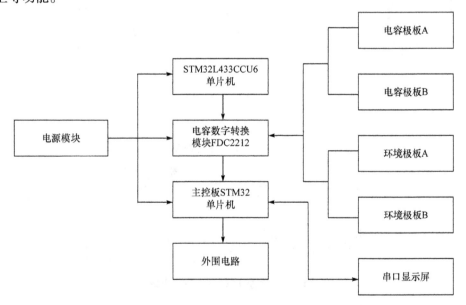

图 7-25　纸张计数显示装置组成框图

1. 电容测量方案

对于纸张的测量，其电容变化小，时钟频率高，分辨率高，且需要抗干扰能力强，这里采用了实现电容测量的数字转换电路，先将电容的变化转换为电压的变化，接着再用一个高精度 ADC 把该电压转换成数字电压，通过这样的操作就能得到高精度的电容测量值。

采用的电容量检测传感器为电容数字转换器 FDC2212 芯片。FDC2212 是基于 LC 谐振电路原理的一个电容检测传感器，FDC2212 工作原理如图 7-26 所示。

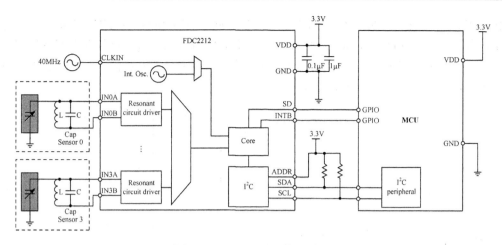

图 7-26　FDC2212 工作原理图

在芯片每个检测通道的输入端连接一个电感和电容,组成 *LC* 电路,每个电路有一个参考时钟,被测电容传感端与 *LC* 电路相连接,将产生一个振荡频率,根据该频率值可计算出被测电容。

FDC2212 的输出数据为

$$\mathrm{DATA_X} = \frac{f_{\mathrm{SENSOR_X}} \times 2^{28}}{f_{\mathrm{REF_X}}} \tag{7-13}$$

电容传感器的电容由如下公式决定:

$$C_{\mathrm{SENSOR}} = \frac{1}{L \times (2\pi \times f_{\mathrm{SENSOR_X}})^2} - C \tag{7-14}$$

FDC2212 芯片的传感器频率由如下公式进行计算:

$$f_{\mathrm{SENSOR_X}} = \frac{\mathrm{CH_X\_FIN\_SEL} \times f_{\mathrm{REF_X}} \times \mathrm{DATA_X}}{2^{28}} \tag{7-15}$$

由公式可知,FDC2212 通过采集测试极板、环境极板两组电容极板频率,分别可以获得一组数据,由频率值对应电容值。并且通过以下差分计算公式,排除环境变化对系统数据漂移的影响,减小环境干扰,能够获得高精度的测量值。

$$f_{\mathrm{SENSOR_{AB}}} - f_{\mathrm{ENVIR_{AB}}} = f_{\mathrm{SENS}} \tag{7-16}$$

2. 主控板方案

选用 STM32F407 单片机作为主控芯片,首先这款单片机的性价比高,具有高性能、低成本、低功耗的优点,同时还具有一流的外设:1μs 的双 12 位 ADC,4 MB/s 的 UART,18 Mbit/s 的 SPI 等,在功耗和集成度方面也有不俗的表现,并且其结构相对简单,可完整实现这一任务的需求。

7.3.3　电路设计及相关分析

1. FDC2212 测量电路

本装置硬件设计部分含有电源、单片机、语音模块、触摸屏和 FDC2212 测量电路。

其中，FDC2212 测量电路是本设计的核心电路，如图 7-27 所示。FDC2212 搭配外围电路进行电容的测量与处理， FDC2212 的 4 个通道分别对应两组电容极板和两组环境极板。因为方案过程中有寄生电容、环境变量、边缘效应等因素影响测量精度，故本方案采取了电磁屏蔽、环境补偿、自校准学习等手段。

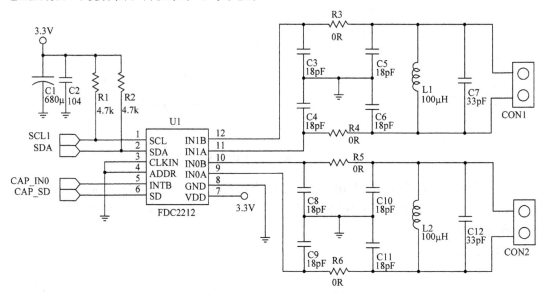

图 7-27　FDC2212 测量电路图

2. 抗干扰分析

1) 干扰来源分析

(1) 寄生电容干扰：由于电容传感器的初始电容很小，连接传感器的电子线路的杂散电容和极板与周围导体形成的寄生电容较大，会极大影响到电容传感器的测量灵敏度。

(2) 环境湿度变化干扰：本系统实现纸张数量检测，单张纸张厚度小，要求测量精度高。纸张具有一定的吸水性，当空气潮湿度不同时将影响纸张潮湿程度，进而影响平行板电容器的介电常数值。FDC2212 测量精度高，由于环境湿度变化产生的干扰导致微小电容值变化，将会影响当前时刻的电容值测试结果与校正结果产生误差。

2) 抗干扰方案

(1) 寄生电容干扰处理办法：为了减少寄生电容和外界电子线路对电容传感器产生的电磁干扰，连接极板的导线采用超五类屏蔽线，同时利用锡箔将亚克力板包装好，起到很好的屏蔽外界干扰的作用。

(2) 环境湿度变化干扰处理办法：采用 FDC2212 的 4 个通道，分为电容极板以及环境极板两组两通道，环境极板裸露在空气中，介质采用与测试纸张同材质纸张，跟随环境湿度变化，较好补偿了环境湿度漂移影响。

3. 误差分析

误差因素包括环境误差、操作误差和方法误差。环境误差是由于环境温度湿度的变化使得每次的测量数据产生误差。操作误差是由于纸张可能因每次受压力不同导致极板间所测板间电容值有差异。方法误差是指在对输出数据进行处理时，对不同数量的纸张对应的输出进行随机的读取，带有一定的偶然性，会产生一定误差。

减小误差方案：为减小环境变化带来的误差，利用 FDC 多通道的优点外加一路通道用于采集周围环境的电容值，通过检测环境电容的变化来对测量极板的电容进行调整。为减小操作误差，对亚克力板采取凹槽式设计，纸张均匀受力，减少因纸张受力不均而产生的误差。为减小方法误差，既可以对同一数量纸张对应的数据进行多组采样，排序后采取中位数的方法来尽可能减小因随机取数而产生的实验误差；也可以采用对采样数据进行拟合，得出拟合曲线和曲线方程后通过对应输出得出纸张数量，提高计算的精确程度。

7.3.4　系统软件功能设计

主程序流程图程序分为两大部分：①数据采集传输，通过 4 路 FDC2212 采集测试电极板以及环境极板电容值，通过 STM32L433 将采集的数据传送至主控单片机 STM32F407；②STM32 与串口显示屏进行通信，在屏幕上点击图标，实现控制信号输入到主控单片机，主控单片机输出控制信号，在显示屏中实现数据显示，其流程图如图 7-28 所示。

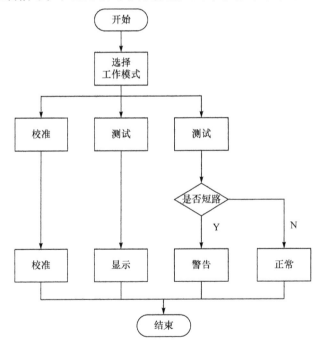

图 7-28　系统流程图

总结与思考

本章借助全国大学生电子设计竞赛的赛题设计展示，详细展现了典型电子产品的设计过程。可以看到，一个电子产品系统的实现，需要通过需求和指标分析、系统方案设计、硬件电路设计、电路模块参数计算与分析和软件功能设计等相关步骤。系统设计与制作的过程涉及并综合应用电路分析、模拟电路、数字电路、单片机和软件编程等学科专业知识，是电子基础知识与实践相结合的过程；通常会通过多人以团队形式、分工合作来实现电子产品系统。通过本章赛题的实例，希望让读者深刻体验电子产品的设计与制作过程，具有一定实践指导作用。

请读者思考以下问题。

(1) 一个电子产品的设计过程主要包含哪些步骤?

(2) 设计并制作一个水温控制系统。

要求设计制作一个可以测量和控制温度的温度控制器，测量和控制温度范围：室温～80℃，控制精度±1℃，控制通道输出为双向晶闸管或继电器，一组转换接点为市电 220V，10A。

(3) 设计制作一个自动测量三极管直流放大系数 β 值范围的装置，满足如下性能指标。

① 对被测 NPN 型三极管值分三档。

② β 值的范围分别为 80～120、120～160、160～200，对应的分档编号分别是 1、2、3；待测三极管为空时显示 0；超过 200 显示 4。

③ 用数码管显示 β 值的档次。

④ 电路采用 5V 或±5V 电源供电。

第8章 NI ELVIS 电子电路设计与测试平台

8.1 虚拟仪器技术与 LabVIEW

8.1.1 虚拟仪器技术

1. 概述

虚拟仪器(virtual instrument，VI)是将仪器技术和计算机技术相结合形成的一种技术，被称为"第四代仪器技术"。它主要是利用计算机强大的数据处理能力、图形图像显示能力，配合相应的传感器、数据传输总线、数据采集板卡和仪器控制板卡，来构建用户可定制化功能的测试、测量仪器。这种仪器技术主要利用高性能的模块化硬件，结合高效灵活的软件来完成各种测试、测量和自动化的应用。灵活高效的软件能帮助使用者创建完全自定义的用户界面，模块化的硬件能方便地提供全方位的系统集成功能，标准的软硬件平台能满足同步和定时应用的需求，从而完成对被测量的采集、分析、判断、显示、存储及数据生成。

"虚拟仪器"概念的提出，始于 1981 年由美国西北仪器系统公司推出的以 Apple II 为基础的数字存储示波器。这种仪器和个人计算机的概念相适应，当时被称为个人仪器(personal instrument)。20 世纪 80 年代，随着计算机技术的发展，当个人电脑可以带有多个扩展槽后，就出现了能够插在计算机里的数据采集卡。它可以进行一些简单的数据采集，数据的后处理由计算机软件完成，这就是虚拟仪器技术的雏形。1986 年，美国 National Instruments 公司(简称 NI 公司)提出了"软件即仪器"的口号，推出了 LabVIEW 开发和运行程序平台，以直观的流程图编程风格为特点，开启了虚拟仪器的先河。

虚拟仪器是以通用计算机为核心，用户可以对仪器自行设计和定义，通过软件实现虚拟控制面板设计和测试功能的一种计算机仪器系统。虚拟仪器中"虚拟"的含义表现在两个方面：一是虚拟仪器面板上的各种"控件"与传统仪器面板上的各种"控件"所完成的功能相同。传统仪器面板上的控件都是实物，并且是要通过手动和触摸的方式进行操作，而虚拟仪器面板上的控件则是外形与实物相像的图标，操作对应着相应的软件程序，使用鼠标或键盘操作虚拟仪器面板上的控件，就如同使用一台实际的仪器。二是虚拟仪器的测控功能则是通过软件编程的方式来实现的，而传统仪器，特别是早期的仪器，是通过硬件来实现的。表 8-1 展现了虚拟仪器与传统仪器的主要差别。

表 8-1 虚拟仪器与传统仪器的主要差别

传统仪器	虚拟仪器
核心是硬件	核心是软件
开发与维护费用高	开发与维护费用低
技术更新周期长	技术更新周期短

续表

传统仪器	虚拟仪器
价格高	价格低，可重用性强，可个性化配置
厂商定义仪器功能	用户定义仪器功能
系统封闭、固定	系统开放、灵活，与计算机技术同步更新
不易与其他设备连接	容易与其他设备连接

2. 虚拟仪器系统组成

虚拟仪器系统一般由以计算机为核心的硬件系统和以实现信号测量、处理等任务应用为核心的软件系统构成，如图 8-1 所示。

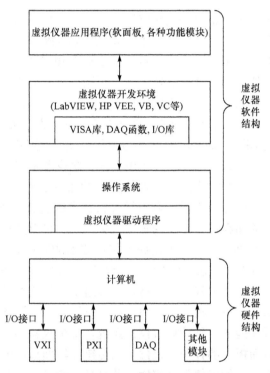

图 8-1　虚拟仪器系统的结构组成

硬件是虚拟仪器系统的基础。虚拟仪器硬件系统主要由计算机、输入/输出(I/O)接口设备等部分组成，完成信号的采集、传输、存储、输入/输出等工作。计算机是硬件平台的核心，一般情况下是一台计算机或者工作站，为用户提供实时高效的数据处理工作。输入/输出接口设备为采集调理部件，包括计算机总线的数据采集(data acquisition, DAQ)卡、GPIB总线、VXI/PXI/LXI 总线、串口总线和现场总线等模块，主要完成信号的采集、放大和模数转换工作。其中，总线模块是指在测量控制系统中，计算机、测量仪器、自动测试系统内部以及相互之间信息传递的公共通路，是测控系统的重要组成部分，直接影响系统的总体性能。在利用虚拟仪器技术实现测量与控制的应用场合中，选择适合的总线技术，能够大大简化测量控制系统结构，增加系统的兼容性、开放性、可靠性和可维护性，便于实行标准化以及组织规模化的生产，从而显著降低系统成本。

软件是虚拟仪器的关键，软件在计算机上运行，一方面为用户提供了设置仪器参数、修改仪器操作、检验仪器通信等实现仪器功能的人机接口图形化界面；另一方面使得计算机直接参与信号的产生和测量特征分析，完成数据的输入、分析、存储、输出等工作。

软件是虚拟仪器系统的核心。虚拟仪器系统的软件采用层次结构，从底层到顶层包括驱动程序、软件开发环境和应用程序三部分。驱动程序又包括输入/输出接口程序和仪器驱动程序。输入/输出接口程序是连接上层应用软件和底层输入/输出软件的纽带和桥梁。仪器驱动程序是为仪器与仪器之间相互信息连接提供软件支持，为仪器驱动程序提供信息传递的底层软件，是实现开放的、统一的虚拟仪器系统的基础。仪器生产厂家在提供仪器模块的同时提供仪器驱动程序。

虚拟仪器系统的软件开发环境包括了通用编程语言开发环境、虚拟仪器专用编程语言开发环境和其他测控软件工具等。

1) 通用编程语言开发环境

虚拟仪器通用编程语言开发环境是指 C、C++、Visual C++、Visual Basic 等计算机通用高级语言编程工具，利用这些编程工具可实现基于计算机的信号测量、仪器控制等虚拟仪器功能，但这些通用编程语言由于不是专门面向测控任务的专用开发工具，因此功能实现复杂、开发周期长。

2) 虚拟仪器专用编程语言开发环境

虚拟仪器专用编程语言开发环境包括有美国国家仪器公司的 LabVIEW、惠普公司的 HP VEE、吉林大学智能仪器与测控技术研究所的 LabScene 等软件。这些软件最主要的特点就是面向测量和控制任务，采用图形化界面编程方式，被称为 G 语言(graphical language)。这种语言编程的最大特点是以科技人员熟悉的概念、术语和图标，以"绘制"程序流程图的方式替代文本代码编程，使得这项开发工具可以更加方便地面向最终用户，从而可以增强科技人员构建个性化工程系统的能力。

LabVIEW 是一种图形化编程语言开发环境，如图 8-2 所示。程序由前面板和对应的程序框图组成，它用 G 语言编写，由节点(node)、端子(terminals)和数据连线(wire)构成。这种语言的编程是以程序框图的形式实现，如图 8-2(b)所示。前面板采用人机交互界面，可灵活地构建一个真实的科学仪器。LabVIEW 尽可能地采用科学家、技术人员和工程师所熟

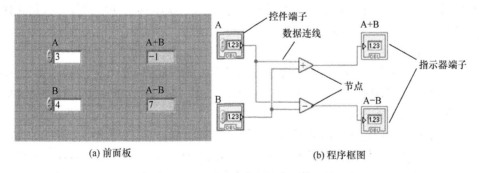

(a) 前面板　　　　　　　　　　(b) 程序框图

图 8-2　LabVIEW 编程语言开发环境

悉的概念，以子函数的形式，嵌入到开发平台上。因此，LabVIEW 是一个面向最终用户的工具，它提供了构建数据采集系统的便捷方法，可以使用户快速地构建自己的工程系统，大大提高仪器系统从原理验证与研究到设计、测试并实现的工作效率。

　　HP VEE 是一种可视化编程语言开发环境，由惠普公司开发，如图 8-3 所示。它有两个显著的特点：一是 VEE 对整个语言做了彻底图形化处理，它提供了模块式的编程工具，还提供了数据流显示和程序流显示功能，使程序的调试非常直观和形象；二是 VEE 在仪器控制方面同时提供了直观的软面板(instrument panel)方式和灵活的直接输入/输出(direct I/O)方式。VEE 还提供了许多数学运算工具，有优异的界面设计能力，有丰富的显示方式。VEE 支持的接口有：HP-IB(IEEE-488)、GPIO、RS-232 和 VXI。VEE 是 VXI 最好的编程软件平台。

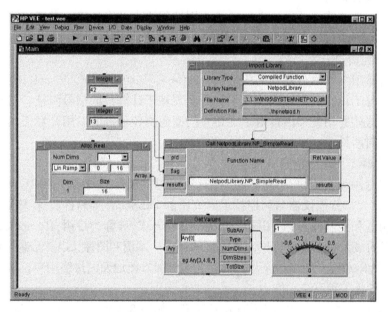

图 8-3　HP VEE 编程语言开发环境

　　吉林大学于 2004 年 11 月发布了一种图像化编程语言开发环境的解决方案，应用于虚拟仪器开发的 LabScene 软件平台。LabScene 及其硬件模块已被成功应用于微型虚拟数字存储示波器、微型虚拟波形发生器、虚拟 LCR 测试仪、虚拟冲击功测试仪、分布式地震数据采集仪等虚拟仪器系统的设计和开发。

　　3) 其他测控软件工具

　　其他测控软件还包括美国国家仪器公司开发的 Labwindows/CVI、Component Works 等，Agilent 公司开发的 T&M Programmers Toolkit 等。这一系列软件面向测量和控制等应用领域，采用了文本语言编程方式。

　　LabWindows/CVI 就是一种美国国家仪器公司推出的交互 C 语言开发平台，如图 8-4 所示。它将功能强大、使用灵活的 C 语言平台与用于数据采集、分析和显示的测控专业工具有机地结合起来，为熟悉 C 语言的开发设计人员编写检测系统、自动测试环境、数据采集系统、过程监控系统等应用软件提供了一个理想的软件开发环境。

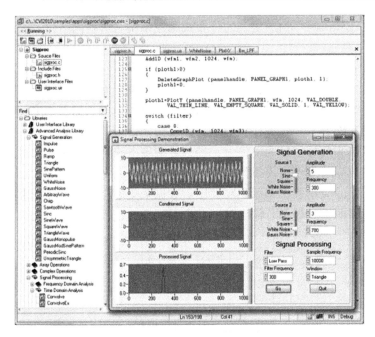

图 8-4　LabWindows/CVI 编程语言

3. 虚拟仪器技术的特点

虚拟仪器技术利用超高性能的模块化硬件，结合高效灵活的软件来完成各种测试、测量以及自动化应用。灵活高效的软件能够创建完全自定义的用户界面，模块化的硬件能够方便地提供全方位的系统集成，标准的软硬件平台能够满足用户对同步和定时应用的需求。作为一个标准化、系统化、模块化的系统，虚拟仪器技术具有如下的五个特点。

1) 依靠计算机的灵活性实现了仪器构建的多样化、丰富化

虚拟仪器技术是通过计算机实现信号分析、显示、存储、打印和网络发布等功能，通过计算机强大的数据处理能力、信息传输能力和网络发布能力，使得仪器系统的组建变得更加灵活简单。

2) 建立了"软件即仪器"这一新概念

在虚拟仪器中，通过软件编程方式实现了传统仪器的硬件功能，利用数据采集技术提高了测量精度、测量速度和可重复性。

3) 功能由用户自定义

虚拟仪器技术通过软件开发工具，为用户针对具体工业应用需求来组建自己的测控仪器提供了机会。用户可以方便地定义仪器功能和操作界面，设计信息采集、处理、存储和网络分享的方式，给用户提供了针对不同应用场景，定制个性化仪器的可能。

4) 兼容开放的工业标准

虚拟仪器技术的实现都基于开放的工业标准，用户在虚拟仪器的设计、组建、测试和应用上均按照标准进行，使得资源有较高重复利用率，同时功能易于扩展，生产、维护和开发成本均较低。

5) 易于构建复杂的测控仪器系统

虚拟仪器技术的灵活性决定了，利用此技术既可以替代传统电子测试仪器进行独立使

用，又可以利用计算机网络构成复杂的分布式测控系统，进行网络化、云端化的测试、监控与故障诊断。

4. 基于虚拟仪器技术的电子测量仪器

图 8-5 展示了利用虚拟仪器技术构建的电子测量仪器系统，该系统充分利用了计算机丰富的软、硬件资源快速建立起电子信号的测试系统，通过数据采集卡配合传感器和数据传输总线，实现从外界采集各种检测信号，并对检测信号进行实时存储、实时显示与离线分析。传感器将被测信号转换为电信号，经信号调理电路调整为标准信号后，送到数据采集卡进行采集，数据采集卡将模拟信号转换成数字信号并存储在缓存中。计算机通过虚拟仪器编程软件开发的应用程序调用驱动程序对数据采集卡进行控制，读取并处理采集的数据，通过虚拟仪器面板，显示、输出测试结果，其处理过程如图 8-6 所示。

基于虚拟
仪器技术
的电子
测量仪器

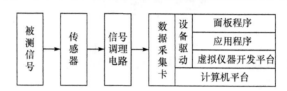

图 8-5　利用虚拟仪器技术构建的电子测量仪器系统

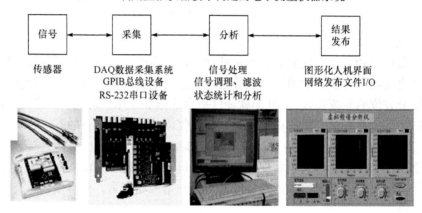

图 8-6　基于虚拟仪器技术构建电子测量仪器的工作原理

8.1.2　LabVIEW

LabVIEW 是一种图形化的编程语言。LabVIEW 同时集成与满足了 GPIB、VXI、RS-232和 RS-485 协议的硬件及数据采集卡通信的全部功能，内置了便于应用 TCP/IP、ActiveX 等软件标准的库函数，是一个功能强大且灵活的软件。LabVIEW 可以增强用户构建自己的工程系统的能力，提供了实现仪器编程的数据采集系统的便捷途径，使用它进行原理研究、设计、测试并实现仪器系统时，可以大大提高工作效率。

1. LabVIEW 程序结构

所有的 LabVIEW 程序，即虚拟仪器(VI)，它包括前面板(front panel)、程序框图(block diagram)以及图标/连结器(icon/connector)三部分。

虚拟仪器
开发平台
LabVIEW

1) 前面板

前面板是图形用户界面，也就是 VI 的虚拟仪器面板，如图 8-7 所示，这一界面上有控件(control)和指示器(indicator)两类对象，控件提供仪器面板上的用户指令输入，而指示器提供仪器的信息输出。控件和指示器的具体表现形式多样，包括有开关、旋钮、图表、波形等各类形式。

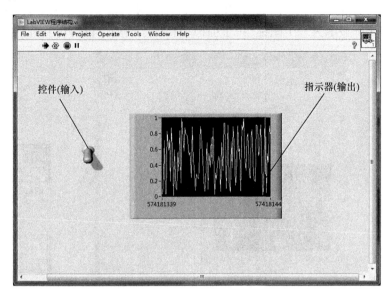

图 8-7　随机信号发生器的前面板

2) 程序框图

程序框图提供 VI 的图形化源程序，如图 8-8 所示。在程序框图中对 VI 编程，以控制和操纵定义在前面板上的输入和输出功能。程序框图中包括前面板上的控件的连线端子，还有一些前面板上没有，但编程必须有的东西，例如函数、结构和连线等。

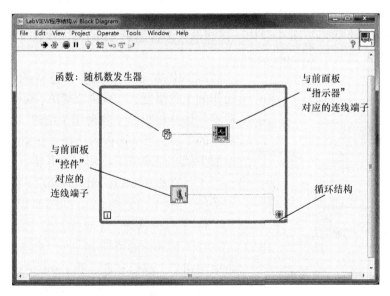

图 8-8　随机信号发生器的程序框图

程序框图与前面板相配套。如果将虚拟仪器(VI)与标准仪器相比较，那么前面板上的东西就是仪器面板上的东西，而程序框图上的东西相当于仪器箱内的东西。

3) 图标/连接器

图标/连接器是子 VI 被其他 VI 调用的接口。图标和连接器相当于文本编程语言中的函数原型。每个 VI 都显示为一个图标，位于前面板和程序框图窗口的右上角，如图 8-9 所示。

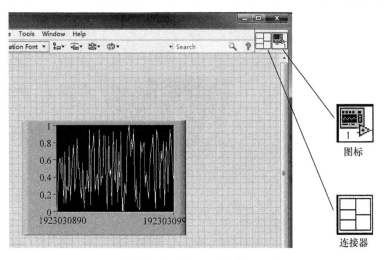

图 8-9　随机信号发生器的图标/连接器

图标是 VI 的图形化表示，可包含文字、图形或图文组合。如果将一个 VI 当作子 VI 使用，程序框图上将显示代表该子 VI 的图标，可双击图标进行修改或编辑。

连接器表示节点数据的输入/输出口，就像函数的参数。连接器标明了可与该 VI 连接的输入和输出端，以便将该 VI 作为子 VI 调用。用户必须指定连接器端口与前面板的控制和显示一一对应。连接器一般情况下隐含不显示，除非用户选择打开观察它。注意：一个 VI 的接线端应尽量控制在 16 个以内。接线端太多将影响 VI 的可读性和可用性。

2. LabVIEW 工具选板(tools palette)

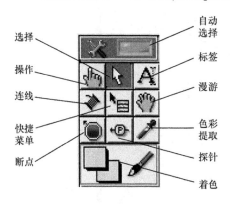

图 8-10　LabVIEW 工具选板

LabVIEW 的工具选板，是编程时完成各种鼠标操作的工具集合，包括快捷菜单、属性对话框和工具栏等。该选板提供了各种用于创建、修改和调试 VI 程序的工具。当从选板内选择了任意一种工具后，鼠标箭头就会变成该工具相应的形状。

工具选板(tools palette)的开启：在前面板或框图中按住"Shift"键并右击，如图 8-10 所示。

1) "自动选择"工具

在工具选板的顶部有一个"自动选择"按钮。单击该按钮后，绿灯亮起，该 LabVIEW 将根据鼠标当前的位置自动变成工具选板的工具之一，来完成 LabVIEW 中的常见任务。如需关闭自动工具选择器，可取消选择该按钮或者选择选板中的其他项，绿灯熄灭。如果将选板中的各项工具比喻成家庭常备工具中的螺丝刀、刀片、螺丝锥，那么自动工具选择器就像是一把能够完成所有任务的瑞士军刀。

2)　"操作"工具

"操作"工具用于改变控件的值。例如，使用"操作"工具来移动水平指针滑动杆。"操作"工具大多用于前面板窗口，但也可在程序框图窗口中用于改变布尔常量的值。

3)　"选择"工具

"选择"工具用于选择或调整对象大小。使用了"选择"工具选中对象后，可以移动、复制或删除该对象。当"自动选择"按钮处于开启状态时，鼠标移至一个对象的边界，光标会自动变成"选择"工具。如鼠标移至对象的调节尺寸节点上，光标将显示为重新调整大小模式。使用"选择"工具，在前面板和程序框图中皆可实现"改变对象尺寸大小"操作和"定位"操作。

4)　"标签"工具

"标签"工具用于在输入控件中输入文本、编辑文本和创建自由标签。当"自动选择"按钮处于开启状态时，鼠标移至前面板的控件或指示器内部，光标会自动变成"标签"工具。单击使光标位于控件内部，双击选中当前文本。使用"标签"工具，如鼠标位于前面板或程序框图中不可使用工具的位置，光标显示为十字线。如启用了"自动选择"工具，双击任意空白处可打开标签工具来创建自由标签。

5)　"连线"工具

"连线"工具用于连接程序框图上的对象。当"自动选择"按钮处于开启状态时，鼠标移至接线端的输出/输入端或连线上，光标自动变为"连线"工具。

对象的数据传输通过连线实现，如图 8-11 所示。流程图上的每一个对象都带有自己的连线端子，连线将构成对象之间的数据通道。因为这不是几何意义上的连线，因此并非任意两个端子间都可连线。连线类似于普通程序中的变量。数据单向流动，每根连线都只有一个数据源，从源端口可以向一个或多个目的端口流动。

连线方法：连线工具的热点在第一个端子上单击，然后移动到另一个端子，再单击第二个端子。端子的先后次序不影响数据流动的方向。当把连线工具放在端子上时，该端子区域将会闪烁，表示连线将会接通该端子。当把连线工具从一个端子接到另一个端子时，不需要按住鼠标键。当需要连线转弯时，单击一次

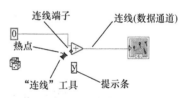

图 8-11　使用"连线"工具

鼠标键，即可以正交垂直方向地弯曲连线，按空格键可以改变转角的方向。当连线工具移动到端子上时，接线头和提示条将同时弹出。提示条是一个黄色小标识框，显示该端子的名字。

6)　工具选板中的其他工具

工具选板中还包含下列工具，如图 8-10 所示。

(1)　"快捷菜单"工具，用于通过单击鼠标打开对象的快捷菜单。在 LabVIEW 中，右击对象也可打开对象的快捷菜单。

（2）"漫游"工具，用于在不使用滚动条的情况下滚动窗口。

（3）"断点"工具，用于在 VI、函数、节点、连线和结构中设置断点，使其在断点处暂停运行。为了查找程序中的逻辑错误，有时希望流程图程序一个节点、一个节点地执行。使用"断点"工具可以在程序的某一地点中止程序执行，用探针或者单步方式查看数据。使用"断点"工具时，单击希望设置或者清除断点的地方。断点的显示对于节点或者图框表示为红框，对于连线表示为红点。当 VI 程序运行到断点被设置处，程序被暂停在将要执行的节点，以闪烁表示。单击"单步执行"按钮，闪烁的节点被执行，下一个将要执行的节点变为闪烁，指示它将被执行。也可以单击"暂停"按钮，这样程序将连续执行直到下一个断点。

（4）"探针"工具，用于在程序框图的连线上创建探针。使用"探针"工具可即时查看出现问题或意外结果的 VI 中的值。可用"探针"工具来查看当流程图程序流经某一根连接线时的数据值。从工具选板模板选择"探针"工具，再单击希望放置探针的连接线。这时显示器上会出现一个探针显示窗口。该窗口总是被显示在前面板窗口或流程图窗口的上面。

（5）"上色"工具，用于为对象上色。同时，该工具还显示当前的前景和背景色。

（6）"取色"工具，用于获取颜色，然后通过"上色"工具上色。

3. LabVIEW 前面板窗口工具栏

每个 LabVIEW 前面板窗口都有一个工具栏。工具栏按钮用于运行和编辑 VI，如图 8-12 所示。

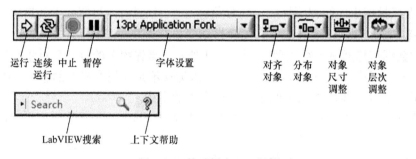

图 8-12　前面板窗口工具栏

4. LabVIEW 程序的错误处理

LabVIEW 提供了功能强大的错误处理工具，可以帮助用户定位问题代码，以做出恰当的更改。当 VI 无法运行，LabVIEW 中的运行箭头显示为断开 ，同时错误列表窗口会列出 VI 断开的详细原因。对于较难追踪原因的程序问题，LabVIEW 提供数种观察代码执行的工具，帮助大家排查代码错误。

1) VI 程序错误提示

如一个 VI 无法执行，则表示该 VI 是断开的或不可执行的。如果正在创建或编辑的 VI 包含错误，"运行"按钮将显示为断开。这种情况通常说明某个必须连接的输入端未连接，或存在断开的连线，可单击断开的"运行"按钮，打开错误列表窗口。错误列表中列出了所有错误并描述了错误的原因，双击错误可直接跳转至出现错误的节点。

2) 查找 VI 错误的原因

当 的图标出现，表明是"警告"。警告并不阻碍 VI 的运行，而旨在帮助用户避免

VI 中的潜在问题。错误则会使 VI 断开，因此，运行 VI 前必须排除所有错误。

单击断开的"运行"图标  或选择"Window >> Show Error List"可查看 VI 错误的原因。错误列表窗口，如图 8-13 所示，列出了所有的错误。其中，"Items with errors(错误项)"一栏列出包含错误的对象。如出错的项目同名，则显示出错的具体应用程序实例。"errors and warnings(错误和警告)"部分列出了"错误项"中所选 VI 的错误和警告信息。"Details(详细信息)"部分给出了错误的详细信息以及纠正错误的建议。单击"Help(帮助)"按钮可查看描述该错误的详细主题，查看纠正错误的说明步骤。单击"Show errors(详细信息)"按钮或双击错误描述，可高亮显示程序框图或前面板中包含错误的区域。

图 8-13   错误列表对话框

3) VI 程序的"坏线"

常见的 VI 错误会在程序框图中显示出黑色的虚线，中间有个红色的"×"，如图 8-14 所示，称为"坏线"。

出现"坏线"的原因有很多，但总结起来大致可以分为四类：连线类型、维数、部件或元素冲突；连线有多个源；连线没有源；连线循环。LabVIEW 不能

图 8-14   程序框图出现"坏线"

执行连线循环，因为在每一个节点执行前(记住数据流)都在等待另一个节点向其提供数据，如图 8-15 所示。

(a) 连线类型冲突   (b) 多个连线源

(c) 连线没有源　　　　　　　　　(d) 连线循环

图 8-15　出现"坏线"的常见原因

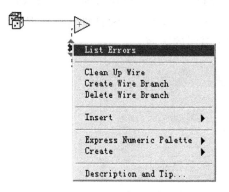

图 8-16　"坏线"处理的快捷调试方法

4) 处理 VI 错误的方法

当 VI 能运行但生成的结果不正确，说明代码出现了功能性错误。LabVIEW 提供多项工具，可帮助用户定位未按预期运行的代码段。当 VI 无法运行或者显示"Signal has Loose Ends (信号丢失终端)"的错误信息时，右击，就会显示"坏线"处理的相关方法，这是一个快捷的调试方法，如图 8-16 所示。

5. LabVIEW 程序框图窗口工具栏及调试技术

VI 运行时，程序框图工具栏中的调试工具可帮助调试 VI。LabVIEW 程序框图的工具栏与前面板窗口工具栏相似，只是增加了程序调试按钮，如图 8-17 所示。

高亮执行　保存连线值　单步执行　跳过当前节点　跳出当前节点

图 8-17　程序调试按钮

"高亮执行"按钮。单击该按钮可以动画演示 VI 运行时程序框图的动态执行过程，同时观察程序框图的数据流动。以"气泡"的形式来指明沿着连线运动的数据，演示从一个到另一个节点的数据运动，如图 8-18 所示，目的是理解数据在框图中是如何流动的。再次单击该按钮则停止执行过程高亮显示。结合单步执行按钮使执行过程高亮，可逐个节点查看数据的流动。注意：高亮执行时，VI 性能降低，执行时间明显增加。

高亮执行时，"灯泡"状按钮亮起

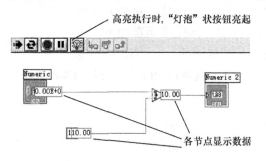

各节点显示数据

图 8-18　高亮显示执行过程

"保存连线值"按钮。单击该按钮可保存数据流连线上各点的值，探针置于连线上时，用户可以马上获取最近流经该连线的值。获得连线值的前提是 VI 已至少成功运行过一次。

"单步执行"按钮。单击该按钮将打开一个节点并暂停执行。再次单击"单步执行"，将执行节点中的第一个操作并在子 VI 结构的下一个操作前暂停。此外，也可同时按下"Ctrl"和向下箭头键开启"单步执行"。"单步执行"是按照节点顺序逐步执行节点中的操作，最后执行完整个 VI。每个节点准备执行时会闪烁。

"跳过当前节点"按钮。单击该按钮将执行一个节点并在下一个节点处暂停。此外，也可同时按下"Ctrl"和向右箭头键执行"跳过当前节点"。"跳过当前节点"将逐个执行节点，而不进入节点执行其中的操作。

"跳出当前节点"按钮。单击该按钮将完成对当前节点的执行并暂停。VI 执行结束后，"跳出当前节点"按钮变为灰色。此外，也可同时按下"Ctrl"和向上箭头键执行"跳出当前节点"。"跳过当前节点"将完成单步步入一个节点后的剩余操作并跳至下一节点。

6. 程序框图中的结构

1) While 循环结构

While 循环结构在函数(function)的结构(structures)选项板中可以找到。创建 While 循环

的具体方法是：选择该循环后，先在欲放入循环内执行的对象左上方单击，然后按住鼠标左键，拖曳出一个矩形框包围执行对象。释放鼠标左键就创建了一个指定大小和位置的循环。While 循环，如图8-19 所示，可以反复执行圈内的循环体程序，直至到达某个边界条件。它类似于普通编程语言中的 Do 循环和 Repeat-Until 循环。While 循环的框图是一个大小可变的方框，用于执行框中的程序，直到条件端子接收到的布尔值为 FALSE。

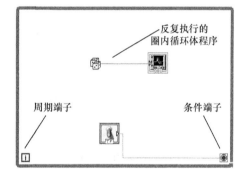

图 8-19　While 循环结构

2) For 循环结构

For 循环结构用于将某段程序执行指定次数，

和 While 循环一样，在函数(function)的结构(structures)选项板中可以找到，其具体的创建方法也相同。For 循环，如图 8-20 所示，可以通过计数端子指定循环执行的次数。

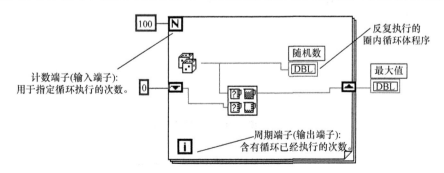

图 8-20　For 循环与移位寄存器

3) 移位寄存器

移位寄存器可以将数据从一个循环周期传递到另外一个周期。创建一个移位寄存器的

方法是：用右击循环的左边或者右边，在快捷菜单中选择"Add Shift Register"。移位寄存器在流程图上用在循环边框上相应的一对端子来表示。右边的端子中存储了一个周期完成后的数据，这些数据在这个周期完成之后将被转移到左边的端子，赋给下一个周期。移位寄存器可以转移各种类型的数据，包括数值、布尔数、数组和字符串等，它会自动适应与它连接的第一个对象的数据类型。

4) Case 结构

Case 结构含有两个或者更多的子程序(case)，执行哪一个取决于与选择端子或者选择对象的外部接口相连接的某个整数、布尔数、字符串或者标识的值。必须选择一个默认的Case 以处理超出范围的数值，或者直接列出所有可能的输入数值。Case 结构如图 8-21所示。

5) 顺序结构

顺序结构能够实现顺序地执行子框图，它看上去像是电影胶片，可以按一定顺序执行多个子程序，如图 8-22 所示。首先执行 0 帧中的程序，然后执行 1 帧中的程序，逐个执行下去。与 Case 结构类似，多帧程序在流程图中占有同一个位置。

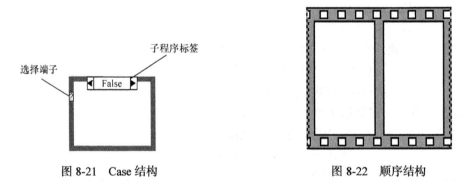

图 8-21　Case 结构　　　　　　　　图 8-22　顺序结构

6) 公式节点

公式节点是一个大小可变的方框，可以利用它直接在流程图中输入公式，如图 8-23 所示。从函数(functions)的结构(structures)中选择公式节点就可以把它放到流程图中。当某个等式有很多变量或者非常复杂时，这个功能就非常有用。

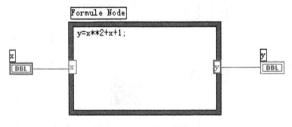

图 8-23　公式节点

7. 数组、簇和图形图表

1) 数组(array)

数组是同类型元素的集合。一个数组可以是一维或者多维，可以通过数组索引访问其中的每个元素。创建一个数组有两件事要做，首先要建一个数组的"壳"(shell)，然后在这个壳中置入数组元素(数或字符串等)。数组元素不能是数组、图表或者图形。

LabVIEW 提供了很多用于操作数组的功能函数，位于"Functions >> Array"中，包括了创建数组(build array)、初始化数组(initialize array)、数组大小(array size)、数组子集(array subset)和索引数组(index array)等。这些函数的功能为：Build Array 用于根据标量值或者其他的数组创建一个数组；Initialize Array 用于创建所有元素值都相等的数组；Array Size 用于返回输入数组中的元素个数；Array Subset 用于选取数组或者矩阵的某个部分；Index Array 用于访问数组中的某个元素。

2) 簇(cluster)

簇(cluster)是另一种数据类型，它的元素可以是不同类型的数据。它类似于 C 语言中的 structure。使用簇可以把分布在流程图中各个位置的数据元素组合起来，这样可以减少连线的拥挤程度，减少子 VI 的连接端子的数量。

(1) 捆绑(bundle)簇函数。

Bundle 功能将分散的元件集合为一个新的簇，或允许重置一个已有的簇中的元素。可以用位置工具拖曳其图标的右下角以增加输入端子的个数。最终簇的序是取决于被捆绑的输入的顺序。

(2) 分解(unbundle)簇函数。

Unbundle 功能是 Bundle 的逆过程，它将一个簇分解为若干分离的元件。如果你要对一个簇分解，就必须知道它的元素的个数。

3) 图形图表

图形图表对于虚拟仪器面板设计是一个重要的内容。在 LabVIEW 的图形显示功能中图形(chart)和图表(graph)是两个基本的概念。Chart 是将数据源(例如采集得到的数据)在某一坐标系中，实时、逐点地显示出来，它可以反映被测物理量的变化趋势。而 Graph 则是对已采集数据进行事后处理的结果。它先将被采集数据存放在一个数组之中，然后根据表达需要转换为用户定义的图形形式显示出来。它的缺点是没有实时显示，但是它的表现形式要丰富得多。

8. 字符串和文件输入/输出操作

1) 字符串

字符串是 ASCII 字符的集合。常用的字符串操作包括：创建简单的文本信息；仪器控制中的数据传输；将数值数据存储到磁盘；用对话框指示或提示用户。如同其他语言一样，LabVIEW 也提供了各种处理字符串的操作函数，包括：字符串长度检测(string length)；拼接字符串(concatenate strings)；取字符串子集(string subset)；匹配字符(match pattern)；扫描字符串(scan from string)和格式化字符串(format into string)等。

2) 文件操作

文件操作函数是一组功能强大、伸缩性强的文件处理工具。它们不仅可以读写数据，还可以移动、重命名文件与目录。创建电子表格格式的由可读的 ASCII 文本组成的文件，以及为了提高读写速度和压缩率采用二进制的格式写入数据。

在 LabVIEW 程序中，可以采用下面三种文件格式存储或者获得数据。

(1) ASCII 字节流。如果希望让其他的软件(例如字处理程序或者电子表格程序)也可以访问数据，就需要将数据存储为 ASCII 格式。为此，需要把所有数据都转换为 ASCII 字符串。

(2) 数据记录文件。这种文件采用的是只有 G 语言可以访问的二进制格式。数据记录文件类似于数据库文件，因为它可以把不同的数据类型存储到同一个文件记录中。

(3) 二进制字节流。这种文件的格式是最紧凑、最快速地存储文件的格式。必须把数据转换成二进制字符串的格式，还必须清楚地知道在对文件读写数据时采用的是哪种数据格式。

大多数的文件 I/O 操作都包括三个基本的步骤：打开一个已有的文件或者新建一个文件；对文件进行读写；关闭文件。LabVIEW 在"Functions >> File I/O"中提供了很多有用的文件操作函数。

8.2　NI ELVIS 平台介绍

8.2.1　NI 虚拟仪器教学实验系统

NI 虚拟仪器教学实验系统(educational laboratory virtual instrumentation suite，ELVIS)是美国国家仪器公司于 2004 年推出的一套基于 LabVIEW 设计和 DAQ 数据采集卡的实验装置。实际上就是将 LabVIEW 与 NI 的 DAQ 设备相结合，综合应用得到一个基于虚拟仪器技术的电子学实验教育平台，如图 8-24 所示。

ELVIS 虚拟
仪器教学
实验系统

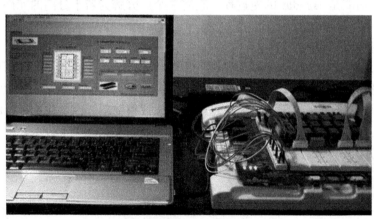

图 8-24　NI ELVIS 开发环境

在 NI ELVIS 系统上，集成了 NI Multisim 电路设计与仿真软件。设计者通过电路模型的理论分析和演算，可以将纸面上设计的电路在 Multisim 中复现和仿真。电路的功能仿真测试通过后，可以在 NI ELVIS 工作台的实验面包板上利用电子元器件搭建真实的设计电路。当电路搭建完成以后，可以利用 NI ELVIS 工作台上的 DAQ 数据采集卡，为所设计的电路提供测试信号和电源，同时实现对所设计电路产生结果信号的采集。利用 NI ELVIS 系统所连接的计算机平台上安装的 LabVIEW 开发环境和集成的一系列 LabVIEW API 虚拟电子测量仪器软件包(示波器、动态信号分析仪、信号源、波特图分析仪、阻抗分析仪、电流电压分析仪、数字万用表、直流电源等仪器)，可实现电路的测试和验证。

NI ELVIS 拥有一块原型实验面板，非常适合教学实验和电子电路原型设计与测试，以便完成测量仪器、电子电路、信号处理、控制系统辅助分析与设计、通信、机械电子、物理等学科课程的学习和实验。它同时集成了多个实验室常用功能，实现了教学仪器、数据采集和实验设计一体化。用户可以在 LabVIEW 开发环境下编写应用程序，完成多种类型的虚拟仪器系统搭建，还可以进行电子线路设计、信号处理及控制系统的分析与设计。用户只需要一台 NI ELVIS 就可以完成信号分析，且在试验数据的记录、分析处理和显示等方面有着传统仪器无法比拟的优势。

1. DAQ 数据采集系统

DAQ(data acquisition)数据采集系统，主要实现的任务就是测量或生成物理信号。一个 DAQ 系统通常具有一套获取、处理原始数据，分析传感器和转换器，信号调理以及显示、存储数据的软件。DAQ 系统工作主要在基于计算机的系统测量到物理信号之前，通过传感器(或转换器)将物理信号转换为电信号，并将该信号进行调理。插入的 DAQ 卡，将所测量的信号转换为数字信号，并采入计算机中。DAQ 系统由软件控制，获取数据行，分析数据并得出结论。

一个 DAQ 数据采集系统的基本组成如图 8-25 所示，包含有：传感器——检测装置，能感受到被测量的信息，并能将感受到的信息，按一定规律变换成为电信号或其他所需形式的信息输出，以满足信息的传输、处理、存储、显示、记录和控制等要求；变换器——将物理量如光、温度、压力或声音转变为可测量的电信号的装置；信号调理——连接到 DAQ 设备的硬件，改善准确性或减小噪音，使信号适合于测量，最常用的信号调理包括放大、线性化、隔离和滤波；数据采集和传输——用于获取、测量和分析数据的模块；软件——完成测量和控制应用程序的设计和编程。

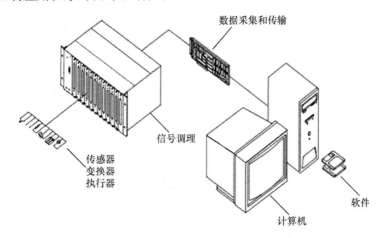

图 8-25　DAQ 数据采集系统的组成

2. NI ELVIS 的硬件组成

NI ELVIS 的硬件组成包括一台可运行 Multisim 和 LabVIEW 的计算机，一块集成式 DAQ 数据采集卡，一套插入实验面包板的 NI ELVIS 工作台和连接电缆，如图 8-26 所示。

1) 集成式 DAQ 数据采集卡

集成式 DAQ 数据采集卡为多功能式的 DAQ 数据采集卡，能以模拟、数字等多类型传输方式实现外部与计算机的双向数据传输，采用高速 USB 即插即用的连接方式，与

LabVIEW、LabWindows/CVI 和 Visual Studio.NET 的 Measurement Studio 兼容，由 NI-ELVISmx 和 LabVIEW SignalExpress 驱动程序实现任务管理。

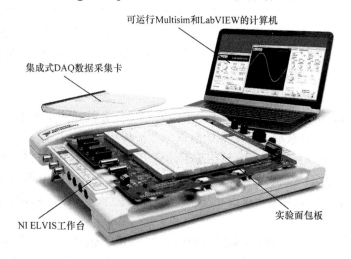

图 8-26   NI ELVIS 的硬件组成

其主要的特性为：16 路模拟输入(8 通道差分或 16 通道单端)，16 位分辨率，每通道 1.25 MS/s 采样率；2 路模拟输出，16 位分辨率，每通道 2.8 MS/s 更新率；24 路数字输入/输出(每 8 共享一个时钟)；2 个 32 位计数器。

2) NI ELVIS 工作台

NI ELVIS 工作台和集成式 DAQ 数据采集卡构成完整的实验系统，如图 8-27 所示。工作台上提供了用于函数发生器和可变电源的手动调节旋钮，并且为集成的数字示波器、数字万用表等虚拟电子测量仪器提供 BNC 和香蕉插座。NI ELVIS 工作台带有一个保护板，用于保护 DAQ 卡。NI ELVIS 工作台上带一块用于搭建测试电路的实验面包板，且与工作台实现电气连接。实验面包板上，可以用于建立电子电路，并提供应用程序与信号间的必要连接。

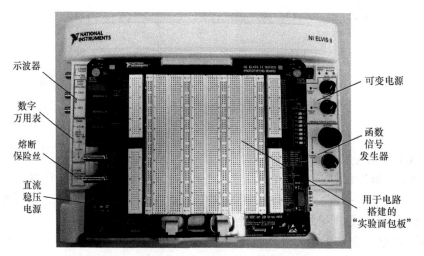

图 8-27   NI ELVIS II 工作台

　　NI ELVIS 工作台的主要特性包括：用于第三方插入板卡的开放式体系结构；高速 USB 即插即用的连接方式；在 NI ELVIS II+上带有 100 MS/s 选项的 1.25 MS/s 示波器；五位半隔离数字万用表；±15 V 与+5 V 的直流稳压电源；手动可调的函数发生器与±12V 可变电源；带有可重置熔断保险丝的电路保护。

8.2.2　虚拟电子测量仪器

　　NI ELVIS 集成了 12 种由 LabVIEW 编制的虚拟电子测量仪器，这些仪器都是在电子电路测试与测量中常用的基本仪器，以虚拟仪器程序(VIs)应用软件包、"虚拟电子测量仪器图标条"的形式供开发者使用，如图 8-28 所示。每一个虚拟电子测量仪器程序都包含有软前面板(SFP)工具、LabVIEW 应用程序编程接口(API)和 Multisim 应用程序编程接口(API)。用户不能直接修改可执行文件，但可以通过 API，在 Multisim 或 LabVIEW 程序中，通过代码编写来调用或增强这些仪器的功能，从而实现 NI ELVIS 的自定义控制和访问。

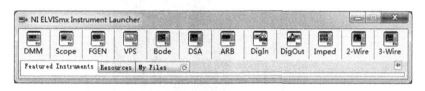

图 8-28　NI ELVIS 集成的 12 种虚拟电子测量仪器

　　这 12 种虚拟电子测量仪器分别是：数字万用表(digital multimeter，DMM)、示波器(oscilloscope，Scope)、函数信号发生器(function generator，FGEN)、可变电源(variable power supplies，VPS)、波特图分析器(bode analyzer)、动态信号分析仪(dynamic signal analyzer，DSA)、任意波形发生器(arbitrary waveform generator，ARB)、数字总线读取器(digital reader)、数字总线写入器(digital writer)、阻抗分析仪(impedance analyzer)、二线伏安特性分析仪(two-wire current voltage analyzer)和三线伏安特性分析仪(three-wire current voltage analyzer)。

8.2.3　基于 NI ELVIS 的电子电路测量系统

　　1. 测量电子元器件的电学量值

　　1) 测量准备

　　将 NI ELVIS II 工作台通过提供的 USB 线与装有 NI ELVIS 驱动、Multisim 和 LabVIEW 的计算机连接。USB 方口端与计算机相连接，另一端连接于 NI ELVIS II 工作台。打开计算机，并开启工作台的电源开关。等待工作台指示灯状态：USB ACTIVE(橘色)LED 显示 ON；稍等一会儿后，ACTIVATE LED 将显示 OFF，USB READY(橘色)LED 显示 ON。

　　在计算机屏幕上单击 NI ELVISmx 仪器启动图标"所有程序 → National Instruments → NI ELVISmx for NI ELVIS & NI MyDAQ → NI ELVISmx Instruments Launch 或单击桌面快捷方式"。如图 8-28 所示的 12 种虚拟电子测量仪器将会以"图标条"的形式显示在计算机屏幕上。

2) 硬件连接

在实验面包板上安置待测量的电子元器件，用双头香蕉型接口的左侧连接头去连接 DMM 的信号输入端和工作台左侧的 COM 端。另一侧，用双头香蕉型接口的右侧连接头去连接实验面包板上的待测电子元器件，如图 8-29 所示。

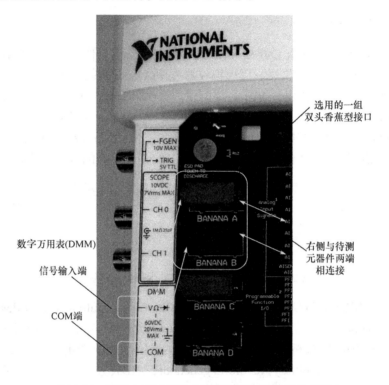

图 8-29　测量电子元器件电学量值的电路连接示意图

3) 测量启动

单击"虚拟电子测量仪器图标条"，选择 DMM，如图 8-30 所示的 SFP 界面将出现在计算机屏幕上。可通过选择测量类别(measurement settings)的按钮，实现电路中待测试的电子元器件的电压、电流、电阻及电容等各类电学量的测量。单击绿色箭头"Run"，开始测量显示所测电学量的值。

注意：本次测量的正确硬件连接方法会显示在该数字万用表软前面板的中间右侧。

2. 观察 RC 电路的瞬态响应过程

观察 RC 电路的瞬态响应过程，是利用 VPS 提供最大幅值为 5V、周期为 10s 的方波信号作为激励信号，利用 DAQ 数据采集系统的模拟通道作为采集观察端，在 LabVIEW 开发环境下，设计虚拟仪器程序(VIs)，实现 RC 电路充放电的波形观察。

1) 硬件连接

电路连接如图 8-31 所示，在面包板上搭建 1MΩ 电阻和 1μF 电容的串联电路。串联总电路两端分别连接可变电源插口"SUPPLY+"和插口"GROUND"。将用于观察 RC 电路的充、放电现象的输出电压端(1μF 电容两端)连接到模拟输入插口"AI 0+"和"AI 0−"，实物连接如图 8-32 所示。

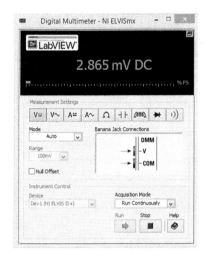

图 8-30　数字万用表的 SFP 界面

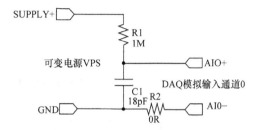

图 8-31　观察 *RC* 电路瞬态响应过程的电路图

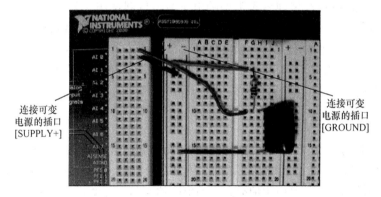

图 8-32　观察 *RC* 电路瞬态响应过程的实物连接图

2) 软件设计

关闭 NI ELVIS 软件，启动 LabVIEW，在 LabVIEW 软件中设计如下模块：可变电源函数(LabVIEW API)；DAQ 模拟输入(Express VI)；VI 总程序(观察界面)。

其 VI 程序设计如图 8-33 所示。

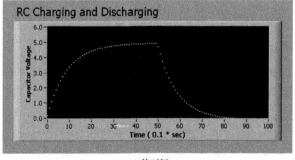

(a) 前面板

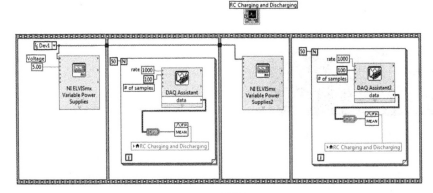

(b) 程序框图

图 8-33　观察 *RC* 电路瞬态响应过程的虚拟仪器程序(VIs)

8.3　基于 NI ELVIS 的"数字温度计"设计

利用 NI ELVIS 可灵活搭建各种类型的电子测控仪器系统。这类系统构建,前期可利用 Multisim 软件对设计电路进行仿真和功能验证,实物系统的搭建和测试则在 NI ELVIS 平台上完成。在 NI ELVIS 平台上,所搭建电路系统产生的输出信号,可由 DAQ 数据采集卡送入计算机,并在 LabVIEW 开发环境下,通过虚拟仪器程序(VIs)实现信号的处理和结果的显示。"数字温度计"就是一个典型的范例。

8.3.1　"数字温度计"简介

该系统设计利用了 NI ELVIS 平台上的 VPS 来提供 3V 电压,实验面包板上用 10kΩ 电阻和 10kΩ 热敏电阻构建一个分压电路。其中,VPS 在分压电路中起到激励 10kΩ 热敏电阻的作用。热敏电阻两端的电压与其电阻值有关,而电阻值又与其温度有关。在 NI ELVIS 平台上,利用 DMM,测量热敏电阻两端的电压,并设计 VI 程序计算得到热敏电阻的阻值。用公式节点(formula node)对热敏电阻进行修正/校准,将电阻值换算得到温度值。构建电路后,启动 LabVIEW,设计子 VI 程序实现温度的测量等功能。"数字温度计"系统的设计过程,展示了如何利用 LabVIEW 开发环境、NI ELVIS 和相关 LabVIEW API 函数构建虚拟仪器系统的流程。

系统设计所要用到的 NI ELVIS 平台的虚拟电子测量仪器包括:数字欧姆表(DMM),数字电压表(DMM),可变电源(VPS)。系统设计所要用到的元器件包括:10 kΩ 电阻,10 kΩ 热敏电阻。

8.3.2　电阻元件参数测量

热敏电阻是由半导体材料制成的两线元件,它有一个负的温度系数和一个非线性的响应曲线。热敏电阻是一种可用于在一定动态范围内测量温度的传感器,在温度报警电路中和温度记录仪中应用广泛。

热敏电路特性的测试方法:把热敏电阻放在手指间加热,观察电阻变化。随温度升高而使电阻减小(负温度系数)是热敏电阻特征之一。热敏电阻由半导体材料制成,其电阻与环境温度呈指数关系，热敏电阻和 PT100(RTD)关系的特性曲线如图 8-34 所示。

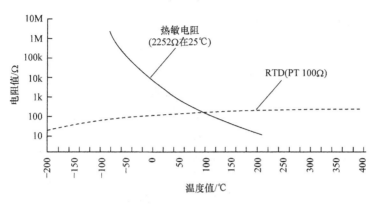

图 8-34　热敏电阻和 RTD 铂电阻关系的特性曲线

利用 NI ELVIS 可实现热敏电阻特性的测试：启动 NI ELVIS 的"虚拟电子测量仪器图标条"，选择"DMM"，单击"Ω"按钮；首先连接 10kΩ 电阻，然后是热敏电阻，最后可测量他们的元件参数。

8.3.3　可变电源的操作

从 NI ELVIS"虚拟电子测量仪器图标条"中选择"VPS"，如图 8-35 所示。

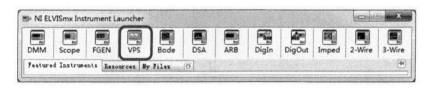

图 8-35　从虚拟电子测量仪器图标条中选择 VPS

NI ELVIS 有两个可变电源，−12～0V 和 0～+12V，每一个可以提供的电流最大值为 500mA，图 8-36 为可变电源软前置板。在可变电源软前置板上，将"SUPPLY+"设置为手动状态(Manual)。注意虚拟可变电源窗口中的控制已经变成灰色时，表明不能再用鼠标操作。一个绿色的 LED 灯亮起则指明可变电源处于手控状态，此时仅有 NI ELVIS 中右上方的操作旋钮可以改变输出电压。

用导线连接 NI ELVIS 工作台上 VPS 的插口"SUPPLY+"和插口"GROUND"与数字万用表(DMM)输入插口。选择数字万用表的直流电压档(V)，旋转工作台上可变电源的操作旋钮，观察数字万用表(V)显示的电压变化。

当将可变电源软前置板上的手动状态(Manual)处去勾后，就可以使用计算机屏幕上的虚拟可变电源进行控制了。鼠标按住并拖动虚拟按钮可以改变输出电压。"RESET"按钮可以

图 8-36　可变电源的 SFP 界面

使输出电压快速归零。"SUPPLY-"以相同的方式调节，只是输出电压为负。

8.3.4　用于 DAQ 操作的热敏电阻电路实验

在 NI ELVIS 工作台实验面包板上用 10kΩ 电阻和一个 10kΩ 热敏电阻搭建一个分压电路。输入电压分别连接到 VPS 的插口"SUPPLY+"和插口"GROUND"。将 NI ELVIS 工作台上数字万用表(DMM)端口连接到热敏电阻两端，接线如图 8-37 所示。

将 NI ELVIS 工作台上 VPS 设置为手动，给实验面包板供电，观察数字万用表(DMM)

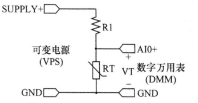

图 8-37　"数字温度计"系统的电路图

上的电压值。当把可变电源电压从 0 增加到+5V 时，热敏电阻两端电压 V_T 应该增加到 2.5V。

将可变电源降到+3V，用手指尖加热热敏电阻，观察电压下降情况。

计算热敏电阻阻值的标准分压方程为

$$R_T = R_1 \times V_T/(3 - V_T) \qquad (8\text{-}1)$$

这个方程称为比例函数，可以把测得的电压值转换为热敏电阻的阻值。V_T 可以很容易地使用 NI ELVIS 平台上的数字万用表或通过设计一个虚拟仪器子程序(VoltsIn.vi)测得。在 25℃ 的环境温度下，阻值大约是 10kΩ。在 LabVIEW 中，还可将上述比例函数编写为一个虚拟仪器子程序(Scaling.vi)，其程序框图如图 8-38 所示。

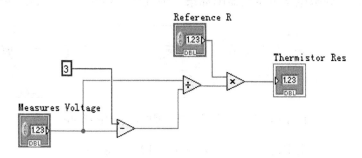

图 8-38　热敏电阻值计算的子 VI 程序框图

8.3.5　热敏电阻的校准

典型的热敏电阻响应曲线表征了元件电阻值与温度间的关系。从曲线中可以看出一个热敏电阻有两个特征：①温度系数为负的响应曲线是非线性的(指数形式)；②阻值在几十倍的范围内变化。用数学方程拟合响应曲线可以得出校准曲线。可应用 LabVIEW 公式节点实现一个热敏电阻校准的虚拟仪器子程序(Convert R-T.vi)，其程序框图如图 8-39 所示。

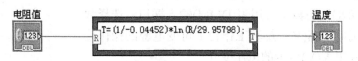

图 8-39　热敏电阻校准的子 VI 程序框图

8.3.6　"数字温度计"系统的集成

"数字温度计"系统使用 NI ELVIS 平台上的可变电源给热敏电阻电路供电，然后读出

热敏电阻两端电压值，通过 DAQ 技术将数据采入计算机平台，并转换成检测的实时温度
值，同时在该系统的程序上还添加平均温度计算、历史曲线显示及温度报警等功能，最终
构建起"数字温度计"系统，其前面板设计如图 8-40 所示。

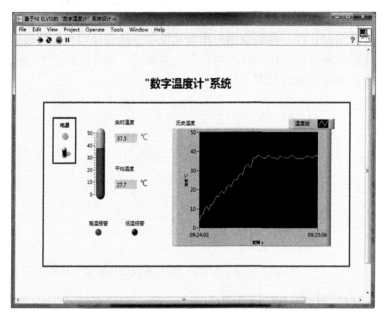

图 8-40　"数字温度计"系统的前面板

在 NI ELVIS 平台上，热敏电阻两端电压值通过集成的 DAQ 数据采集系统模拟输入通
道读入计算机平台；NI ELVIS 初始化选择可变电源(SUPPLY+)；然后随着可变电源更新的
变化，电源上的电压变为+3V。

在"数字温度计"系统的虚拟仪器程序(VIs)设计上，采用层次化设计方法。主程序利
用 while 循环以序列的形式测量、转换、校准和显示温度值；子程序 VoltsIn.vi 实现测量热
敏电阻的电压值；子程序 Scaling.vi 用上述比例公式将测得的电压值转换成电阻值；子
程序 Convert R-T.vi 用已知的校准方程把阻值转换为温度值；最后，通过主程序对这三
个程序的循环调用，使得实时温度值在 LabVIEW 主程序的前置板上显示。"数字温度
计"系统将连续运行，直到前置板上的"电源"按钮拨到停止端为止。循环结束时，可
变电源置为 0V。

8.4　基于 NI ELVIS 的"LED 电学特性测试系统"设计

这一设计以数据采集卡、信号调理板及 ELVIS 等为硬件平台，以 LabVIEW 为软件，
构建了一个应用于 LED 基本电学特性测试的虚拟仪器系统。该系统通过对 LED 电路系统
加以变化的电压，从而实现 LED 动态电学参数数据的实时采集、分析与处理，最后获得
LED 电路系统随时间变化的电学参数特性。调试结果表明，该系统具有实现简单，易于操
作的特点，具有一定实用性。

8.4.1　LED 电学特性测试系统简介

　　为了实现 LED 基本电学特性的测试,依靠对 LED 发光二极管特点的分析,系统对 LED 施加变化的电压,使其从断开逐渐导通,将 LED 两端的电压、通过 LED 的电流以及 LED 亮度稳定时的光通量,经信号调理电路调整为标准信号后送数据采集卡进行实时采集,计算机通过虚拟仪器编程软件开发的应用程序调用设备驱动程序对采集的数据进行分析、处理,计算实时功耗和能效比,绘制伏安特性等电学特性,并在波形图上描绘出相应的变化趋势,测试系统总体框图设计如图 8-41 所示。

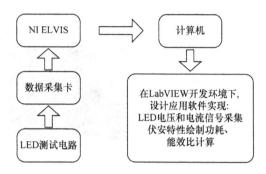

图 8-41　LED 电学特性测试系统总体框图

8.4.2　LED 电学特性测试系统的硬件组成

　　针对 LED 的单向导电性可知,当 LED 两端电压值低于开启电压时,不导通;当两端电压值等于或大于开启电压时,LED 处于导通状态。在此基础上,测试系统为了能够测得并验证 LED 的伏安特性,需要向电路两端加上可变化的电压,因此设计如图 8-42 所示的硬件组成框图。

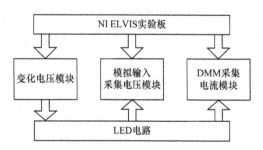

图 8-42　LED 电学特性测试系统的硬件组成

　　其具体实现通过 NI ELVIS 平台上的 VPS 模块提供电路逐渐变化的电压,使得 LED 灯从断开到导通。在数据采集方面主要采用 NI ELVIS 实验板,设计选用数据采集卡模拟输入通道 Analog Input Signals 模块的第一个模拟通道插口“AI 0+”为物理通道,采集 LED 两端的电压信号,选用实验台上的 DMM 模块中插口“A”和插口“COM”两通道采集通过 LED 的电流。最后,将 LED 电路按照选用通道对应连接到实验板上。其在 NI ELVIS 的实验面包板上搭建的 LED 电学特性测试电路实物图如图 8-43 所示。

　　这一系统通过与 NI ELVIS 实验平台配合,连接相应的通道进行配置,采集的数据结合

LabVIEW 软件编程实现 LED 的基本电学特性测试。

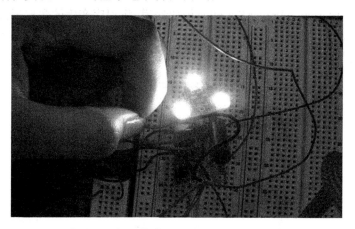

图 8-43　实验面包板上搭建的 LED 电学特性测试电路实物图

8.4.3　LED 电学特性测试系统的软件设计

　　LED 电学特性测试系统的软件程序是基于 LabVIEW 来构建的。其中，LED 测试电路的激励信号是通过使用循环结构驱动 ELVIS 平台的可变电源 VPS，从而产生连续增长的电压信号来实现的。所设计 LED 电学特性测试系统的软件集成了 ELVIS 平台的模拟通道和数字万用表的驱动程序，同步采集 LED 上的电压和电流等参数的实时数据，同时计算伏安特性、功耗和能效比等参数。并利用前面板的指示器来显示电源电压、LED 电压值、LED 电流值、伏安特性、功耗和能效比等 LED 电学特性参数。其系统的总体程序流程图如图 8-44 所示。

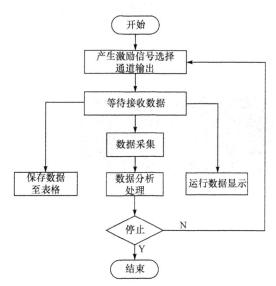

图 8-44　LED 电学特性测试系统的总体程序流程图

1. 激励信号模块

在程序设计中，采用 while 循环结构来产生测试电路所需的逐渐增长的信号，模拟输出任务按照步骤 Measure I/O → NI ELVIS → Variable Power Supplies 来创建，对应于 NI ELVIS 实验板上的 Variable Power Supplies 模块通道,将程序产生的数据通过 Variable Power Supplies.vi 输出加载到硬件电路上，为了能够清楚地观察到输出信号的信息，选用波形图表在前面板实时显示，其具体的程序框图如图 8-45 所示。

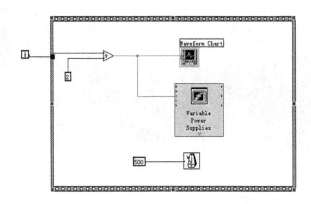

图 8-45　可变电源电压产生的程序框图

2. LED 电学特性参数采集模块

在程序框图中按照步骤 Measure I/O → NI ELVIS → Digital Multimeter 采集电流数据,并对测量功能和模式完成相应配置(具体配置如图 8-46 所示)，生成 VI，从实验板对应通道采集电流数据进行分析、处理。采集电压数据则使用 DAQ Assist 创建模拟输入任务，选择数据采集卡的第一个模拟输入通道插口 "AI 0+"，然后分别对信号输入范围、系统连接方式等进行具体配置(配置方式如图 8-47 所示)，配置完毕后将框图中生成的 DAQ Assistant Express VI 连接到程序中，完成对电压信号的分析、处理，其具体的程序框图如图 8-48 所示。

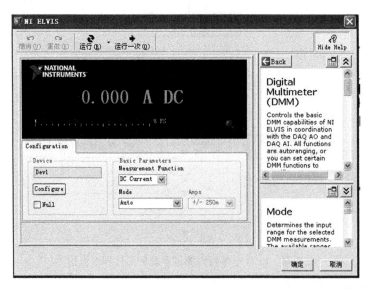

图 8-46　采集电流数据的任务配置

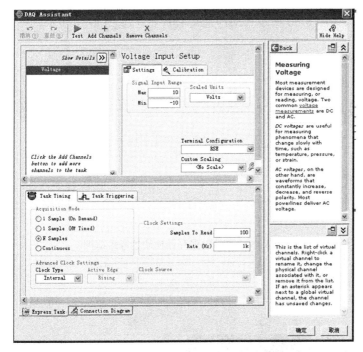

图 8-47　采集电压数据的任务配置

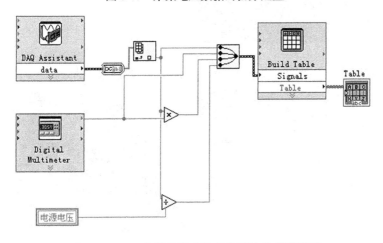

图 8-48　LED 电学特性参数采集模块的程序框图

3. 数据存储模块

LabVIEW 可通过数据采集卡显示实际信号波形。用数据采集卡采集实测信号时，得到一组离散的信号值，将数据保存到表格里，建立表格的局部变量，根据所需选取表格内的数据，然后通过程序前面板的 Graph 显示控件逐点显示并连线，即可实现被测信号的实时显示，便于对 LED 电学特性进行分析，其具体的程序框图如图 8-49 所示。

4. 前面板的设计

前面板需要显示的电源电压部分、功耗/能效比等模块选用图表(chart)控件，这样可以实时显示实际信号，连接成实时变化的曲线，以此观察所采集数据的变化趋势。伏安特性则选用波形图(graph)，将采集到的数据存于表格后，根据所需取出数据显示处理后的数据结果，软件前面板如图 8-50 所示，对应总体程序框图如图 8-51 所示。

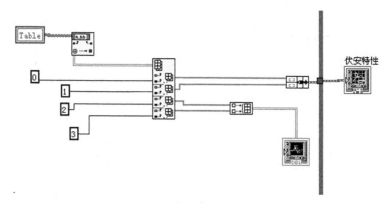

图 8-49　实时数据存储模块的程序框图

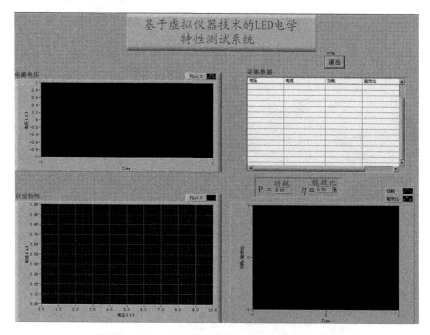

图 8-50　LED 电学特性测试系统的软件前面板

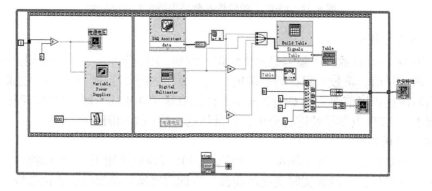

图 8-51　LED 电学特性测试系统的软件程序框图

总结与思考

NI ELVIS 电子电路设计与测试平台不仅功能强大、工具丰富，而且在数据采集、仪器控制、数据分析和结果表达方面也简单快捷、易于实现，它依靠虚拟仪器技术的图形化编程环境，使得系统构建效率更高，同时也减少了仪器平台设计和开发的工作量。

请读者思考以下问题。

(1) 基于虚拟仪器技术的电子测量仪器由哪些模块组成？

(2) 请描述一个 LabVIEW 程序的构成。

(3) 在 LabVIEW 开发环境下，编写一个四则运算器。

(4) NI ELVIS 虚拟仪器教学实验系统平台集成了哪些虚拟电子测量仪器工具？

(5) 在 NI ELVIS 平台上构建一个"数字温度计"系统。

参 考 文 献

长谷川彰, 2006. 开关稳压电源的设计与应用[M]. 何希才, 译. 北京: 科学出版社.

陈晓, 2013. 电子工艺基础[M]. 北京: 气象出版社.

陈永甫, 2008. 用万用表检测电子元器件[M]. 北京: 电子工业出版社.

陈勇将, 高明泽, 2019. LabVIEW 案例实战[M]. 北京: 清华大学出版社.

高吉祥, 2019. 模拟电子线路与电源设计[M]. 北京: 电子工业出版社.

高吉祥, 熊跃军, 2019. 电子仪器仪表与测量系统设计[M]. 北京: 电子工业出版社.

耿立明, 闫聪聪, 2015. PADS9.5 电路设计与仿真从入门到精通[M]. 北京: 人民邮电出版社.

果莉, 2013. 电子工艺实训指导[M]. 哈尔滨: 哈尔滨工业大学出版社.

郝勇, 黄志刚, 2016. PADS9.5 电路板设计与应用[M]. 北京: 机械工业出版社.

胡乾苗, 2019. LabVIEW 虚拟仪器设计与应用[M]. 2 版. 北京: 清华大学出版社.

黄杰勇, 杨亭, 林超文, 2015. PADS 软件基础与应用实例[M]. 北京: 电子工业出版社.

黄智伟, 2014. 全国大学生电子设计竞赛基于 TI 器件的模拟电路设计[M]. 北京: 北京航空航天大学出版社.

李瑞, 解璞, 闫聪聪, 2019. PADS VX. 2.2 电路设计与仿真从入门到精通[M]. 北京: 人民邮电出版社.

林超文, 2014. PADS9.5 实战攻略与高速 PCB 设计:(配高速板实例视频教程)[M]. 北京: 电子工业出版社.

林海汀, 2011. 电子工艺技术与实践[M]. 北京: 机械工业出版社.

孟贵华, 2012. 电子技术工艺基础[M]. 6 版. 北京: 电子工业出版社.

彭立春, 2012. 社会主义核心价值体系融入大学生职业生涯教育研究[D]. 长沙: 中南大学.

沈红卫, 2017. STM32 单片机应用与全案例实践[M]. 北京: 电子工业出版社.

舒英利, 温长泽, 王秀艳, 等, 2015. 电子工艺与电子产品制作[M]. 北京: 中国水利水电出版社.

孙蓓, 白蕾, 2017. 电子工艺实训基础[M]. 北京: 机械工业出版社.

王冠华, 吴永佩, 2013. ELVIS 电路原型设计及测试[M]. 北京: 国防工业出版社.

王立新, 徐秀美, 曹立军, 2019. 电工电子工艺实训教程[M]. 北京: 电子工业出版社.

王文, 王成刚, 李建海, 2018. 电子技术综合实践[M]. 北京: 电子工业出版社.

王秀萍, 余金华, 林丽莉, 2012. LabVIEW 与 NI-ELVIS 实验教程——入门与进阶[M]. 杭州: 浙江大学出版社.

谢梅成, 夏聘庭, 2018. 铸魂——大学生思想政治教育的理论与实践[M]. 北京: 光明日报出版社.

闫石, 2006. 数字电子技术基础[M]. 5 版. 北京: 高等教育出版社.

殷小贡, 黄松, 蔡苗, 2013. 现代电子工艺实习教程[M]. 2 版. 武汉: 华中科技大学出版社.

殷志坚, 2007. 电子工艺实训教程[M]. 北京: 北京大学出版社.

曾华鹏, 李艳, 王健, 等, 2019. 虚拟仪器与 LabVIEW 编程技术[M]. 西安: 西安电子科技大学出版社.

张金, 周生, 2016. 电子工艺实践教程[M]. 北京: 电子工业出版社.

张宪, 张大鹏, 2013. 电子工艺基础[M]. 北京: 化学工业出版社.

朱建华, 董桂丽, 2018. 电工电子技术实验教程[M]. 北京: 电子工业出版社.

朱新芬, 黄文彪, 2016. 电工电子基础实验教程[M]. 北京: 清华大学出版社.

AG 亚游集团. 波峰焊回流焊工艺区别[EB/OL]. [2020-2-19].https://www.sifuda.cn/Article/show/131/540. html.

Electronic Components Datasheet Search[EB/OL]. [2020-2-12].https://alldatasheet. com/.